1836 Proton-Elektron

1836

Der über 10-jährige Weg des Verfassers, neben der Musik, der Kunst und dem Beruf sich mit Naturwissenschaft und der Frage nach einer Formenergie zu beschäftigen führte zum Massenverhältnis von Proton und Elektron. Der Einstieg in die Naturwissenschaft begann mit der Frage was war vor dem Urknall. Dies konnte mit einer Zeit beantwortet werden, die 60 Größenordnungen kleiner war als die Planckzeit, denn das Entstehen aus dem Nichts lag außerhalb der Imagination des Verfassers.

Die Ehrfurcht vor dem Namen Planck und die Aussage, dass der heilige Gral der Physik durch die Planckeinheiten gegeben ist, verleiteten den Verfasser sich zunächst mit dem Stadt- „Raum" (x_2 +x_5) zu beschäftigen.

Dieser ist jedoch auch elementar in den Raum des Universum eingebettet und kann als Untersuchungsgegenstand in seiner Wirkung mit benutzt werden. Die Frage ob es kleinere Teilchen als die bekannten gibt, wurde dargelegt in der einfachen Beziehung m=ia, wobei $i=h/c^3$ (x_3) eine neue Konstante mit einer neuen Einheit darstellt, die ausschließlich auf Beschleunigung als Wechselwirkung reagiert. Eine Größe mit der die dunkle Materie bzw. Energie bestimmt werden kann, auch in Abhängigkeit der Gravitationsfeldbeschleunigung. Die Beschleunigung kann als Gravitationsfeldstärke angenommen werden.

In Ergänzung der dB-Wellenlänge (x_4) wurden weitere eigenständige Längen dargestellt vorwiegend Volumenlängen der Teilchen die sich bis an die Grenze des Universum ausdehnen, die aber konstant sind. Anhand dieser Längenbeziehungen wurden Zahlverhältnisse gefunden. In der Herleitung über das Massenverhältnis vom Proton zum Elektron sind die Planckeinheiten Grundlage. Daraus ergeben sich aus ihnen abgeleitete grundlegende Zahlen Z_{-40}, also Planckzahlen, die durch die Protonenmasse ergänzt wurde, da diese konstant ist im Gegensatz zur Quarkmasse.

Der heilige Gral der Physik wird als Ausgang benutzt, um damit ein Ergebnis herzuleiten, welches aufgrund dieser Annahme nur richtig sein kann bzw. richtig sein muss. Die Zahlen von Eddington und Dirac, also wie oben 40 zig stellige Zahlen, waren unter anderem in Verbindung eines sich ausdehnenden Universums zu interpretieren, weshalb sie auch angreifbar wurden. Die vorliegenden Zahlen sind konstant und werden über einem Teilchen (z.B. Proton) errichtet.

Das Ergebnis zeigt anhand der mathematischen Zahl, die unbehaftet einer Einheit ist, dass das Proton und das Elektron aus noch kleineren Einheiten bestehen muss, den so genannten ihnen zugehörigen Klein-bzw.Kleinstteilchen die raumähnliche Zustände darstellen, also nicht mit dem elektromagnetischen Spektrum wie die de- Brogilie- Wellenlänge wechselwirken.

Die Planckmasse ist eine universelle Referenzmasse aus der sich dann mittels Zahlen alle Teilchenmassen ergeben. Die Darlegung bezieht sich ausschließlich und in erster Linie auf die Teilchenmassen und der sich daraus ergebenden Zahlen.

Sollte jemand die Darlegung als zu einfach, also nicht genügend komplex interpretieren wollen, empfehle ich demjenigen die Aussagen über die Konstanten c,y und h zu prüfen und einen Schluss über die Arbeit zu finden (Inhalt H1.1-1.7; H6 und J6).

1836 Proton-Elektron

Die naturwissenschaftliche Arbeit habe ich begonnen zu meinem Buch „Der Urton vor dem Urknall" mit einer Zeitdefinition von 10^{-104}s. Diese Größe liegt weit vor der Planckzeit führt aber zur Universumenergie und zeigt auf, dass vor der Planckzeit noch etwas mit einer einfachen und nicht zu komplexen Darlegung ist. Mit der damals gefundenen Ursprungsformel V=iyct (rd. 10^-162m³/iyc) ist mit dem Schwarzschildradius des Proton diese Zeit darstellbar. So führt eine Formel, eine Größe zu den beiden Teilchen mit dem Massenverhältnis 1836, welche mittels der Planckzahl, einer universellen Größe hergeleitet werden kann. Die Zahl $\left(\frac{m_{pr}^2 y}{hc}\right)^2$ multipliziert mit der de Brogilie Zeit $\frac{h}{m_{pr}c^2}$ ist konstant und entspricht der oben genannten Zeit $(rd.10^{-104}s)$ aus dem Urton und der Zeit aus dem Protonenschwarzschildradius. Sämtliche Ergebnisgrößen sind konstant, da sie sich auf das Proton beziehen. Eine noch nicht abgeschlossene hergeleitete Frage ergibt sich aus der Darstellung gegenüber dem Raum, denn die formulierten Klein- und Kleinstteilchen, die sich aus den Massengrößen der Teilchen Elektron und Proton ergeben, führen zu Raumteilchen, wobei die Zahl ohne Einheit eine wesentliche Größe zur Darstellung des Raumes wird. Durch die relativistische Verbindung zwischen Raum und Zeit, kann dies mit den Raumteilchen zu einer Raum-Massen-Zeit führen.

FSC
www.fsc.org
MIX
Papier aus verantwortungsvollen Quellen
Paper from responsible sources
FSC® C105338

1836

Proton-Elektron

anhand der

Planckzahl

Und des

Raumes

Impressum
1836 Proton-Elektron anhand der Planckzahl und des Raumes
1. Auflage

ISBN 978-3-738-62936-1

Herstellung und Verlag: Books on Demand, Norderstedt /
Thomas Hettich Villingen

Bibliografische Information der Deutschen Nationalbibliothek

Die Deutsche Nationalbibliothek verzeichnet diese Publikation in der Nationalbibliografie; detaillierte bibliografische Daten sind im Internet über http://dnb.d-nb.de abrufbar.

Das Verhältnis von Proton und Elektron 1836

Einführung

So wie im musikalischen Ton sind auch in der übrigen Natur Zahlverhältnisse in ihrer Wirkung von ungelöster Bedeutung.

Das Verhältnis 1836 bedeutet zunächst einfach, dass das Proton rund 1836-mal schwerer ist als das Elektron.

Kehren wir den Vorgang des Urknalls um, so entsteht aus einem supersymmetrischen gigantischem Raum ein Universum wie unseres durch einen Symmetriebruch, der den Raum materialisiert.

In der Schrift X_1 wurde eine Zeit wie kurz dargelegt mit 10^-104s definiert, in der die Energie des Universum mit derjenigen der heutigen Zeit mit der Formel E=hv übereinstimmt. Diese Zeit liegt 60 Größenordnungen unterhalb der Planckzeit und führt letztendlich zur Frage, ob etwas aus dem Nichts entstehen kann, dessen Weg zwar logisch versperrt ist, denn Nichts kann nicht etwas sein und doch in der naturwissenschaftlichen Elite so angenommen wird.

Gehen wir von einem riesigen Raum aus (rd.10^1000m³), in dem verschiedene Dichtefluktuationen bei einer durchschnittlichen Dichte von 10^-650 kg/m³ vorhanden sind, so ist unser Universum aus Kleinstteilchen (10^-66; 10^-76, 10^-125kg) entstanden, die sich zu zwei grundsätzlichen Dichten (Proton, Elektron) bildeten. Die Kleinstteilchen bilden die Raumstruktur bzw. den Raum selbst. Die Teilchen Elektron-Proton bilden sich wie Kleinstteilchen aus den Obertönen, deren Verhältnisse auch in der Musik (Stradivari) bisher ungeklärt sind.

Die vorgestellten Kleinstteilchen, die den Raum bilden sind so vorstellbar, wie wenn ein Elektron ein Betonklotz darstellt, den man in eine Gesteinsmühle gibt und sich Gesteinsmehl in einem hochauflösenden Mörser als Kleinstteilchen bildet. Hierfür muss man voraussetzen, dass sich alle beteiligten Kräfte am Elektron (Proton) in pure Masse, in Raumstrukturen auflösen, also nicht die Vereinheitlichung der Kräfte, sondern sämtliche Elemente der Teilchen werden im Raum aufgelöst, sind also im Raum selbst vereinheitlicht. Somit löst sich das Teilchen in einen Raum auf, ähnlich wie flüssiges Wasser in Wasserdampf. Das Teilchen wird ausschließlich mit der Masse, einer Zahl und den Ihnen zugeordneten Längen (x_4) zunächst untersucht.

Grundlage für die gesamte Untersuchung sind die sich bildenden Zahlen, die den Massen und den Längen zuzuordnen sind. Weitere, den Teilchen Elektron und Proton zugeordnete Längen wurden in der Schrift (x_4) hergeleitet und können als bekannt vorausgesetzt werden. Die Zahl Z_{-40} wurde von Eddington und Dirac in die Diskussion gebracht, Barrow hat sie weiterverfolgt, jedoch müssen diese in dieser Abhandlung vorgestellten Zahlen als konstant angesehen werden, allerdings zu einem ihnen zugeordneten Teilchen in einem sich bewegenden Universum.

Die Zahlen werden aus der Planck- und Protonenmasse und den Konstanten y,h,c abgeleitet.

Inhalt

A.) Grundsatz (Deduktkopf,Prämisse,Axiom, z.B.)

Die Konstanten c, h, y, m_e und m_p sind die ausschließlichen Größen, die für die dargelegte Arbeit verwendet werden. Die vorgestellten Formeln bestehen aus mindestens den drei grundlegenden Konstanten h,c,y und verweisen damit auf das Kleine und Große in seiner Bedeutung. Um die Größen miteinander zu verbinden, wenn man den Blick auf das Komprimierte wählt, andererseits um das Ermittelte aufzulösen, wenn man sich dem Großen nähern will. Werden im Schrifttum die Plancklänge und die Planckzeit öfters genannt, um eine Grenze zu formulieren, findet man über die Planckmasse wenig.

A.1.) Planckeinheiten

Die Planckeinheiten sind in ihrer Größe unumstößlich und bilden die momentane Grenze bei der Erforschung zwischen Klein und Groß, also der Allgemeinen Relativitätstheorie und der Quantentheorie.

(1) $m_{pl}=\sqrt{\frac{hc}{y}}=5{,}4557*10^{-8}$kg

(2) $l_{pl}=\sqrt{\frac{hy}{c^3}}=4{,}0512*10^{-35}$m

(3) $t_{pl}=\sqrt{\frac{hy}{c^5}}=1{,}3513*10^{-43}$s

Durch einfachste Umstellung erhalten wir Planckeinheiten mit der Zuordnung zunächst mit der Zahl 1.

A.2.) Planckeinheiten mit der Zahl 1

(4) $Z=\frac{\sqrt{\frac{hc}{y}}}{m_{pl}}=1$

(5) $Z=\frac{\sqrt{\frac{hy}{c^3}}}{l_{pl}}=1$

(6) $Z=\frac{\sqrt{\frac{hy}{c^5}}}{t_{pl}}=1$

Diese Umstellung ist nicht zu einfach, wenn man den nächsten Schritt durchführt, nämlich anstelle der Planckmasse wird die konstante Protonenmasse eingesetzt. Aus den Planckgleichungen mit der Protonenmasse ergeben sich dann konstante und grundlegende Zahlen für die weitere Betrachtung.

A.3.) Planckeinheiten mit der Protonenmasse und deren Zahl

Die nächsten Gleichungen bzw. auch Zahlen aus (7),(8),(9),(10) sind jeweils auch inverse Darstellungen. Die verwendete Zahl $9{,}39928*10^{-40}$ verweist auf die von Eddington und Dirac angegebenen Größen (Kräfte$_{(40)}$, Längen$_{(40)}$, Zeiten$_{(40)}$, Teilchen$_{(80)}$). Jedoch wurde durch die beiden Physiker der Universumdurchmesser bzw. die Universumzeit angegeben, weshalb diese Größen variabel sind, bis auf den Ansatz der beiden Teilchenkräfte Coloumb und Gravitation. Die hier vorgestellte Zahl Z_{-40} beruht auf einer konstanten Zeit mit t=c/a, wobei a die Schwerefeldbeschleunigung des Protons mit $a=ym^3c^2/h^2$ (x_3) darstellt.

(7) $Z_{1Proton}=\frac{\sqrt{\frac{hc}{y}}}{m_{pr}}=3{,}26177*\mathbf{10^{19}}$

(8) $Z_{2proton}=\frac{m_{pr}}{\sqrt{\frac{hc}{y}}}=3{,}0658*\mathbf{10^{-20}}$

(9) $Z_{3proton}=\frac{m_{pr}^2 y}{hc}=9{,}39928*\mathbf{10^{-40}}$

(10) $Z_{4proton}=\frac{hc}{m_{pr}^2 y}=1{,}06391*\mathbf{10^{39}}$

So wie sich bei der Protonenmasse konstante Zahlen ergeben, ist dies auch beim Elektron der Fall, wenn man die Elektronenmasse in die Planckgleichungen einsetzt.

A.4.) Planckeinheiten mit der Elektronenmasse und deren Zahl

(11) $Z_{1elektron}=\frac{\sqrt{\frac{hc}{y}}}{m_{el}}=5{,}98910*\mathbf{10^{22}}$

(12) $Z_{2elektron}=\frac{m_{el}}{\sqrt{\frac{hc}{y}}}=1{,}66970*\mathbf{10^{-23}}$

(13) $Z_{3elektron}=\frac{m_{el}^2 y}{hc}=2{,}78790*\mathbf{10^{-46}}$

(14) $Z_{4elektron}=\frac{hc}{m_{el}^2 y}=3{,}58693*\mathbf{10^{45}}$

Da es sich um eine Abhandlung handelt, um das Verhältnis von Proton und Elektron herzuleiten, werden aus einer Vielzahl möglicher Zahlen nur die in der Folge verwendet.

A.5.) Mathematische Formel

Wählt man für die Länge einer Saite die Zahl 1 und teilt sie durch N dann erhält man den Bruch 1/N und kann merkwürdigerweise dissonante und konsonante Verhältnisse beim Schwingen einer Saite feststellen. Will man einen oder einen kleinen zugehörigen Oberton festlegen, kann dies mit $x=\frac{1}{N-1}-\frac{1}{N}$ definiert werden. Wählt man für $N>10^{10}$, ergeben sich durch das Inverse die Teilchenmasse und die gleichbleibende Planckmasse in der Tabelle 1 (z.B. Zeile 118+119).

A.6.) Zahlen

Es werden rationale Zahlen verwendet, die durch Tabellenform (Exel) abgebildet bzw. ermittelt werden können. Der Verfasser wäre für einen Hinweis auf eine Tabellenkalkulation dankbar die Exponenten mit 10.000 zulassen.

< 1Googol
> 1/Googol

B1.) Herleitung 1

H 1.1) Massen mit Zahlen und Planckmasse

Die Herleitungen H1.1- H1.6 beziehen sich auf die Tabelle 1. Vorangestellt sind die grundlegenden Konstanten und die Planckeinheiten. Die verwendeten Zahlen des Deduktkopfes A3 werden ergänzt durch die Berechnung mit der Masse 1kg. Dadurch ergeben sich 6 grundlegende Zahlen (Tabelle 1 Zeile F20-F25), die sich einerseits auf das Proton und die Masse 1 kg beziehen. Durch die Einführung der Wellenlänge dB können mittels der 6 grundlegenden Zahlen multipliziert mit der dB-Wellenlänge 6 grundlegende Längen (Tabelle 1 Zeile 32-37) ermittelt werden. Somit ist es möglich, ähnlich wie bei einem Zweiklang (Verhältnis, autarke Tonzahl) in der Musik, das Zahlen ermittelt werden, die in der eigentlichen Tabelle als "Physikzahl" definiert werden, da ihnen eine Einheit anhaften.

H1.2.) Physikzahl

Das Verhältnis von Ouinte (3/2) und Quarte (4/3) führt zum pythagoreischen Ganzton (9/8) in der Frequenzdarstellung. Durch die Reduktion auf die Zahl ist nun die Frage, was hören wir. Sind es Frequenzen oder Zahlen, die die Frequenzen ins Verhältnis stellen, denn nur durch dieses Zahlverhältnisses ist zu unterscheiden, ob sich die Frequenzen harmonisch oder dissonant verhalten. Die Zahl (z.B. Ganzton aus Verhältnis) ist nicht mit einer Einheit behaftet. Sie ist autark.

Die Zahl 9,39928*10^{-40} (Tab1. F 22) ist ebenso autark wie die Ganztonzahl 9/8 und ergibt sich durch reine Konstanten mit der Formel (9). Bei entsprechender Stimmung ist das Ganztonverhältnis in allen weltlichen Orchestern gleich. Die Zahl Z_{-40} ist ebenso bei allen rund 10^78 Protonen im Universum gleich und bildet somit eine Universumkonstante wie die zugehörigen Protonenwellenlängen. Die Zahl Z_{-40} und die aus ihr abgeleitete Zahlen müssen im Universum eine bedeutende Rolle spielen, auf die wir noch eingehen werden.

Wir definieren die Zahlen aus Z=$\frac{m_{pr}^2 y}{hc}$ als physikalische Zahl, da sie mit einer Einheit behaftet sein kann, als Ergebnis aber immer eine Zahl ist.

Wir ermitteln ein Kleinstteilchen (15) mit Hilfe der Zahl (9) und der Planckmasse, um dann diesem Kleinstteilchen eine Zahl zuzuordnen.

(15) $m_{klt}=\boldsymbol{Z_{-40}}^2 * m_{planck}=4{,}81992*\mathbf{10^{-86}}$kg

(16) $Z_{klt}=\frac{\boldsymbol{m_{klt}^2 y}}{\boldsymbol{hc}}=7{,}8051*\mathbf{10^{-157}}$

(17) Invers 1,28121*$\mathbf{10^{156}}$

Die Zahl Z_{156} (Tabelle 1 Zeile 119) ist eine sehr große Zahl im physikalischen Sinn. Die Zahl definiert die Anzahl der Teilchen mit einer Masse von 10^{-86}kg in einem zugeordneten Teilchenvolumen von 10^{-84}m³, in einem Gesamtvolumen von 10^{72}m³ und einer Gesamtmasse von 10^{51}kg.

(18) $V_{-84}=2{,}1687*\mathbf{10^{-84}}$m³

(19) $V_{72}=\frac{\boldsymbol{c^6}}{\boldsymbol{a_{spr}^3}}=\frac{\boldsymbol{c^6}}{\left(\frac{\boldsymbol{y m_{pr}^3 c^2}}{\boldsymbol{h^2}}\right)^3}=\frac{\boldsymbol{h^6}}{\boldsymbol{y^3 m_{pr}^9}}=2{,}77862*\mathbf{10^{72}}$m³

(20) Verhältnis V_{72}/V_{-84}= 1,28121*$\mathbf{10^{156}}$. (Tabelle 1 Zeile 118-119)

Setzt man für a_{spr} die Schwerefeldbeschleunigung des Proton im Quantenraum, die Beschleunigung der Trägheit des Proton im Quantenraum a_{tpr} ein, so ergibt sich das Volumen

(21) $V_{-45}=\frac{c^6}{\left(\frac{mc^3}{h}\right)^3}=2{,}307*10^{-45}$ m³

Dies entspricht dem Volumen aus der dB-Wellenlänge.

Zur Verdeutlichung wird auch die Masse 10^{-66}kg dargestellt, die auf der Zahl 10^{117} beruht. Die Zahl 10^{117} definiert die Anzahl der Massenteilchen von 10^{-66}kg und gleichzeitig den Raumteilchen bzw. -größe entsprechend (21) im Gesamtraum von 10^{72}m³ und einer Gesamtmasse von 10^{51} kg bei einer gleichmäßigen homogenen Verteilung der Masse. Interessant ist dabei, dass dieses Kleinteilchen eine Volumenlänge besitzt, die der dB-Wellenlänge des Proton entspricht (s.Tabelle 1).

(22) $m_{KltPr}=\frac{m_{pr}^3 y}{hc}=1{,}57214*10^{-66}$kg

(23) $Z_{KltPr}=\frac{m_{kltpr}^2 y}{hc}=1{,}20425*\mathbf{10^{117}}$

Die Zahl Z_{117} gibt an wie viel Protonenwürfel (Kantenlänge dB $l=10^{-15}$ sich in einem Würfel (Kantenlänge $l=10^{24}$; $V=10^{72}$) befinden. Die Zahl Z_{117} ist danach eine Strukturzahl. Die Wellenlänge aus der Masse des Universum bzw. des ausgedehnten Proton ergibt rund 10^-93 m, die des ausgedehnten Universum 10^24m (Proton). Das Verhältnis beträgt 10^117. Die Durchlaufzeit durch die Universumwellenlänge beträgt 10^-101s. Die Zeit, die die Schwerefeldbeschleunigung des Proton benötigt, um die Lichtgeschwindigkeit zu erreichen, beträgt 10^16s. Das Verhältnis beträgt 10^117. Die Masse des ausgedehnten Protons (Universum Faktor ≈ 100) beträgt 10^51kg. Die des Kleinstteilchens Proton beträgt 10^-66 Kg. Das Verhältnis beträgt 10^117. Die Zahl $(1/Z_{-40})$^3 ergibt ebenso die Zahl 10^117. Die Verhältniszahlen sind vielfältig und weisen auf grundlegende Gegebenheiten in der Zahl des gedehnten Proton hin. Allerdings ist davon auszugehen, dass diese Zahlen nur jeweils über einem Proton errichtet werden können und damit nur über einem Proton gelten. Eine Verbindung ist denkbar, wenn wir die Massencluster 10^10 berücksichtigen.

Die Zahl Z_{156} ist ebenso eine solche Zahl, allerdings ergibt sie sich nicht mit der bekannten de-Brogilie Wellenlänge des Proton, sondern basiert auf einer Länge, die der Verfasser in der Schrift$_{X4}$ dargelegt, dem Proton zugeordnet und in die Diskussion eingeführt hat, um aus der bisher unbekannten Zahl, das Proton und vergleichbar, das Elektron abzuleiten.

(24) $l_{-28}=\left(\frac{h^2 y}{c^4 m_{pr}}\right)^{\frac{1}{3}}=1{,}29441*\mathbf{10^{-28}}$m

An dieser Stelle muss darauf hingewiesen werden, dass die Größe des gedehnten Volumens aus dem Proton in etwa (100-Fach ≈ kleiner) mit dem des Universum übereinstimmt, jedoch grundsätzlich verschieden ist, weil sich das Universum „in sich" (Kosmologen-Beobachtung,Empire) ausdehnt, das vorgestellte Volumen aber „in sich" stabil ist, da es an das einzelne Proton gebunden ist. Im Vergleich: "Das stabile Glasmurmelvolumen (Proton mit entsprechenden Ausdehnungslängen (x_3+x_4) im sich aufblasenden Luftballon, also des sich dehnenden Universumdurchmesser bleibt gleich."

Werden nun nachweisbare Ergebnisse aus dieser durch Konstanten bestimmten Zahl formelgerecht ermittelt, so ist schlüssig bewiesen, dass dieses Ergebnis ein konstantes und gültiges Ergebnis sein muss, gerade auch deshalb, weil die Größe l_{-28} bisher noch nicht hergeleitet wurde.

Die Zahlen werden auch als inverser Werte dargestellt, wobei die Zahlen größer 1 die Raumvolumenanzahl des zugrunde liegenden Teilchens angibt.

H1.3.) Mathematische Zahl

Die mathematische Zahl wird benutzt und in der ersten Tabelle dargestellt, sodass aus dem physikalischen Raum die physikalische „Zahl" nicht mit einer Einheit in Zusammenhang gebracht werden kann, also dass der physikalischen Zahl keine Einheit anhaftet.

Es ist bisher unbestritten, dass 10, oder N, eine autarke Zahl ist, ohne eine sie begleitende Einheit.

Die Zahlenreihe 1/1; ½; 1/3; ...1/N kann mit ganzen Zahlen fortgeführt werden und führen zum Grenzwert Null, soweit es im physikalischen Sinn ein Nichts gibt.

Differenzen führen zu

(25) $x=\frac{1}{N-1}-\frac{1}{N}$

(26) $N=0,5+-\sqrt{0,25+\frac{1}{x}}$

und zeigen, dass je größer der Teiler$_{(N)}$ ist, ein kleineres x (Oberton) entsteht. Kleine Teiler führen zu großen x, also zu "Grundtönen" und umgekehrt. Dies bedeutet, dass nur aus großen Zahlen (N) genaue Ergebnisse (x) für den Oberton herzuleiten sind. Dies ist eine vereinfachte Darstellung des Obertones (Fourier, Laplac etc). Was passiert mit dem Grenzwert von 1/N. Dieser Grenzwert muss vorher von x erreicht werden. Der Grenzwert wird bei rund 10^{10} erreicht und definiert die Planckmasse als Referenzgröße zu den dargestellten Teilchen in der Tabelle 1.

Sind in der Musik Obertöne aus einem Grundton für den Klang erwünscht, die ein weites klangliches Spektrum ermöglichen (Stradivari, Steinway; bis 40 Obertöne), so soll gerade hier der umgekehrte Weg gefunden werden, um aus einer großen Zahl von Obertönen (Kleinstteilchen >10^{10} einen Grundton (Teilchen-Elektron.Proton) zu finden. Ein Teilchen mit der Masse 10^{-86}kg wird man mit menschlichen Möglichkeiten nicht einzeln nachweisen können. Da diese Teilchen aber Raum-bzw. Vakuumteilchen sind, ist dies vielleicht in der Summe möglich.

Die Gleichung 26 führt bei Obertönen erheblich größer 1 zur Zahl 1 und bei Zahlen kleiner 1 zu großen Zahlen, die zu einem Grundton führen. Die Zahl 1 führt dann im folgenden zur Planckmasse $m=\sqrt{\frac{z1hc}{y}}$ die großen Zahlen zu den Teilchenmassen m_p+m_e (s.Tabelle 1+2).

In der Zeile 91 der Tabelle 1 lauten die Formeln in den Spalten

B_{91} = Eingabe der Zahlverhältnisse aus Tabelle 1 Zeile 42 bis Zeile 56

D_{91} = $x=\frac{1}{N-1}-\frac{1}{N}=Z$

$F_{91} = \sqrt{\frac{z_{D91}hc}{y}}$=m

$G_{91} = \frac{m_{pl}}{F_{91}}$=Z

$H_{91} = \sqrt{\frac{z_{G91}hc}{y}}$=m

Die dargestellte mathematische Zahl ist frei von jedweder Einheit. Diese Zahl entspricht der platonischen ideellen Zahl, die unangetastet Verwendung finden kann. Sie ist gleichzeitig jedoch auch eine physikalische Zahl, da sie die Anzahl der Dimensionen und Raumteile abbildet.

(27) $1{,}1319071938404 * 10^{78}$

(28) 1,0000000000000E+00 siehe Tabelle 1 Zeile 118-119

Die mathematische Zahl (Gleichungen (27)+(28) ist deshalb bedeutsam, da sie für diese Darlegung nur den Weg vom Großen, also der Vielzahl von Kleinst-Raumteilchen, zu einer zu findenden Masse offen lässt bzw. definieren kann. Der andere Weg, also vom Kleinen zum Großen, ist versperrt, da er zu viele Unzulänglichkeiten (Obertöne) in sich birgt. Die Grenze der Zahl zur Planckmassenreferenzgröße liegt bei 10^{10}. Hier wird die Planckmasse ausreichend genau als Referenzmasse abgebildet. Siehe Tabelle 1, Spalt H und deren Auswirkung für die Planckmasse.

H1.4.) Masse aus mathematischer Zahl

Die Masse aus der absolut autarken mathematischen Zahl wird aus der Grundformel $\frac{m_{pr}^2 y}{hc}$ ermittelt, die dann zu

(29) $m=\sqrt{\frac{zhc}{y}}$

(30) $m=5{,}80438 * 10^{31}$kg

(31) $m=5{,}4557 * 10^{-8}$kg s.auch Tabelle 1 Zeile 118-119

führt.

Hier wird die genaue Planckmasse abgebildet bei Zahlengrößen von rund 10^{10}. Dieses Maß von 10 Milliarden muss im Universum eine erhebliche Bedeutung haben, wenn wir die Massenskala von 10^{-27}kg, 10^{-37}kg, die Größen 10^{21}kg, 10^{31}kg, 10^{41}kg und 10^{51}kg als empirisch nachgewiesen annehmen können.

H1.5.) Verhältnis aus Mathematischer Masse und Planckmasse

Die Planckmasse ist ähnlich wie die mathematische Zahl eine ideelle Größe. Beobachtet wurde sie noch nicht, hat aber eine erhebliche Bedeutung im physikalischen Kontext. Durch das ins Verhältnis setzen mit der „mathematischen" Masse ergibt sich eine Proportionszahl, aus der sich reelle Massengrößen ableiten lassen. Die eine Größe führt wieder zur Zahl 1, die andere ist kleiner 1.

(32) $m_{mathematisch}/m_{Planck}=Z_{Proportion}$

(33) $Z_{-40\ Proportion}=9{,}39928*10^{-40}$

(34) $Z_{Proportion}=1$ (Tabelle 1 Zeile 118-119)

H1.6.) Massen mit Zahl und der Planckmasse

Die Planckmasse dient als Referenzmassengröße. Somit können Massen aus einer Zahl und der Planckmasse bestimmt werden. Die Frage, ob die Zahl mit Einheiten behaftet ist, wird in den Kapiteln Physikzahl und Mathematischer Zahl beantwortet.

Es ist nun offensichtlich, dass die Protonenmasse einfach zu bestimmen ist mit

(35) $m_{proton}=\sqrt{\frac{m_{pr}^2 y}{hc}} * \sqrt{\frac{hc}{y}}=m_{proton}$

Also eine Zahl multipliziert mit einer Referenzmasse (Planck) ergibt eine neue Massengröße. Die Planckmasse muss als reine geistige Größe angenommen werden, da sie als natürliche bzw. empirische Größe noch nicht abgeleitet bzw. an einem Objekt empirisch bestimmt wurde. Dabei ist nicht eine willkürliche Zahl gemeint, sondern eine, die sich aus (35) ableiten lässt. Die vorgestellten Zahlen leiten sich aus Massen ab. Ähnlich einer schwingenden Saite, die durch ihre Gesetzmäßigkeit ebensolche Zahlen generiert.

Eine weitere Möglichkeit, Teilchenmassen zu definieren, erfolgt mit

(36) $m_t=\left(\frac{m^4 y}{hc}\right)^{0,5}=5{,}12786* \mathbf{10^{-47}}kg$

Dies ist eine Massengröße, die im Kanon der Massen mittels einer grundlegenden Formel bestimmt wird, die sich aus der Grundgleichung $\frac{m_{pr}^2 y}{hc}$ ableiten lässt. Eine Massengröße, die zehn Größenordnungen kleiner als das Neutrino ist.

Stellen wir $Z=\frac{m_{pr}^2 y}{hc}$ um nach $m=\sqrt{\frac{Zhc}{y}}$, so erhalten wir ebenfalls die Protonenmasse, wenn wir für Z die Zahl Z_{-40} einsetzen. Näherungsweise könnten wir wie Dirac und Eddington die Universumlänge zur Wellenlänge des Proton einsetzen, was aber zu Ungenauigkeiten führt. Die vom Verfasser eingeführte Länge L_{24}, die nicht dem Universum zuzuordnen ist, sondern dem Proton, führt dann genau zur Zahl Z_{-40}.

Des Weiteren ist offensichtlich, dass wir mit Zahlen, kombiniert mit der Planckmasse, Massengrößen darstellen können, die einerseits klein aber auch groß sein können. Wichtig dabei ist festzuhalten, dass die Zahlen mit den Massengrößen, den Raum strukturieren

z.B. Näherung

$10^{-10}*m_{pl}=10^{-17}kg$	?
$10^{-20}*m_{pl}=10^{-27}kg$	(Teilchen, Proton)
$10^{-30}*m_{pl}=10^{-37}kg$	(Teilchen, Neutrino)
$10^{-40}*m_{pl}=10^{-47}kg$	(Teilchen)
$10^{-60}*m_{pl}=10^{-67}kg$	(Kleinteilchen Proton)
$10^{-70}*m_{pl}=10^{-77}kg$	(Kleinteilchen Elektron) (Noch Nährung)

exakt $8{,}30393*10^{-118}*5{,}45570*10^{-8}kg=4{,}53038*10^{-125}kg$ (Kleinstteilchen)

Das Kleinstteilchen gibt an, wie sich die ausgedehnte Protonenmasse (10^{51}kg) im ausgedehnten Protonenvolumen, allerdings in gleichmäßige Planckwürfel ($4{,}05*10^{-35}m^3$) verteilt ist. In einem solchen Planckwürfel befinden sich dann 4,53038^-125kg Masse. Fast ein Nichts und doch ein Etwas, wenn wir uns die Natur kräftefrei und gleichmäßig im Raum verteilt vorstellen. In dem ausgedehnten Protonenwürfel ($10^{72}m^3$) befinden sich dann $4{,}179*10^{174}$ Planckwürfel, gleichmäßig verteilt mit der angegebenen Einzelmasse.

In den Tabellen 2-Zeile 11; 4 Zeile 12 (Proton) und 6 Zeile 13 (Elektron) finden sich 2 Kleinteilchen mit den Massen (s.auch x_3).

$$(37)\ m_{klt\ Proton}=\left(\frac{m_{pr}^2 y}{hc}\right)^{1,75} * \sqrt{\frac{hc}{y}}=2{,}75275*10^{-76}kg \text{ (aus Proton)}$$

$$(38)\ m_{klt\ elektron}=\frac{m_{el}^3 y}{hc}=2{,}53960*10^{-76}Kg \text{ (aus Elektron)}$$

Dies ergibt eine Massendifferenz von $2{,}1314*10^{-77}$kg. Wenn im physikalischen Kontext eine solche Ungenauigkeit akzeptiert würde, dann wäre das Problem des Massenverhältnisses gelöst, denn sie liegt exakt bei dieser Größe. Der Exponent 1,75 in der Gleichung (34) könnte natürlich exakt bestimmt werden. Auch dann wäre das Problem gelöst. Der Verfasser favorisiert aber den Zahlwert 1/N, wie er seit Pythagoras nicht nur die naturwissenschaftliche Welt beflügelt hat, sondern auch die Kunstwelt. Deswegen führen wir die Darlegung weiter. Wir definieren das Verhältnis von $\frac{(37)}{(38)}=1{,}08393$ und der daraus sich ergebenden dritten Wurzel mit 1,0272287.

Diese Differenzen, auch bei dem Kleinstteilchen 10^{-125}kg, zeigen, dass eine absolute gleichmäßige Verteilung im Raum anhand der beiden Grundgrößen und der aus der Planckmasse und den beiden Teilchen sich ergebende Struktur (10_{pr}^{-20}; 10_{elek}^{-23}) noch nicht möglich ist. Für die großen Zahlen gilt

$10^{20}*m_{pl}\approx 10^{12}kg$
$10^{30}*m_{pl}\approx 10^{22}kg$ (Planeten)
$10^{40}*m_{pl}\approx 10^{32}kg$ (Sterne)
$10^{50}*m_{pl}\approx 10^{42}kg$ (Galaxien)

10^{60}*m_{pl}≈10^{52}kg (Universum aus Proton)
10^{70}*m_{pl}≈10^{62}kg (Universum aus Elektron)

Die beiden Kleingrößen 10^{-66}kg(a) und 10^{-76}kg(a) wurden bereits dargestellt [X4] und basieren auch auf der Formel $m_{klt}=\frac{m_t^3 y}{hc}$, die ableitbar ist aus $Z=\frac{m^2 y}{hc}$. Die Masse 10^{-37}kg verweist auf die Neutrinogröße. Die Neutrinomasse wird bei $m_{neutrino}=\left(3{,}0658 * 10^{-20}\right)^{1{,}5}$*$m_{planck}$=2,92868*$10^{-37}$kg durch den Verfasser definiert. Die zu beobachteten Massenproportionen Sterne, Galaxien, etc. verweisen wie in der Musik auf sich zu bildende und noch nicht geklärte Zahlenverhältnisse (Cluster), die sich einerseits im Klang (Oberton) und andererseits in der Masse abbilden. Nur allein der Vierklang (ausgedehnte Protonenmasse - Universummasse)

Universum	10^{51-53}kg
Galaxie	10^{41-43}kg
Stern	10^{31-33}kg
Planet	10^{21-23}kg

verweist in der Größenordnung 10^10 auf eine ähnliche Skalierung wie in der Musik die 2/3 Quinte oder 1/2 Oktav- Skalierung in den Obertönen, die sich bis 40 Obertönen (1/N) in einem Instrument hörbar darstellen können.

H 1.7 Herleitung Tabelle 1

Tabelle 1 (Proton)								
	A	B	C	D	E	F	G	H
1	Y			6,67384E-11				
2	C			2,99792E+08				
3	H			6,62607E-34				
4	Mp			1,67262E-27				
5	Me			9,10938E-31				
6	Mpl			5,45570E-08				
7								
8	Tabelle	1		**Proton**				
9								
10	Planckeinheiten	m	=	(hc/y)^0,5	=	5,4557E-08	kg	
11		l	=	(hy/c^3)^0,5	=	4,05121E-35	m	
12		t	=	(hy/c^5)^0,5	=	1,35134E-43	s	
13				.				
14	Planckzahl 1			(hc/y)^0,5/ Mpl	=	1		
15				(hy/c^3)^0,5/Lpl	=	1		
16				(hy/c^5)^0,5/tpl	=	1		
17								
18	Zahlen Z1-Z6 aus der Planckmassenformel (E 10) durch Umformung und Einsetzen der Protonenmasse							
19								
20		Z1	=	(hc/y)^0,5/mpr	=	3,26177E+19		
21		Z2	=	mpr/(hc/y)^0,5	=	3,06582E-20		
22		Z3	=	m^2y/hc	=	9,39928E-40		
23		Z4	=	hc/m^2y	=	1,06391E+39		
24		Z5	=	(hc/y)^0,5/1kg	=	5,4557E-08		
25		Z6	=	1kg/(hc/y)^0,5	=	1,83295E+07		
26								
27	de. Brogilie Wellenlänge des Teils							
28								
29		ldB	=	h/mc	=	1,32141E-15	m	

Tabelle 1 (Proton)

	A	B	C	D	E	F	G	H
30								
31	Längen aus Z1 und de Brogilie							
32		L1	=	Z1*dB	=	4,31013E+04	m	
33		L2	=	Z2*dB	=	4,05121E-35	m	
34		L3	=	Z3*dB	=	1,24203E-54	m	
35		L4	=	Z4*dB	=	1,40586E+24	m	
36		L5	=	Z5*dB	=	7,20922E-23	m	
37		L6	=	Z6*dB	=	2,42207E-08	m	
38								
39	Proportionszahlen aus L1-6							
40								
41	Zahlen					A	B	
42	1	L1/L2			=	1,06391E+39	9,39928E-40	
43	2	L1/L3			=	3,47023E+58	2,88165E-59	
44	3	L1/L4			=	3,06582E-20	3,26177E+19	
45	4	L1/l5			=	5,97864E+26	1,67262E-27	
46	5	L1/l6			=	1,77952E+12	5,61949E-13	
47	6	L2/L3			=	3,26177E+19	3,06582E-20	
48	7	L2/L4			=	2,88165E-59	3,47023E+58	
49	8	L2/L5			=	5,61949E-13	1,77952E+12	
50	9	L2/L6			=	1,67262E-27	5,97864E+26	
51	10	L3/L4			=	8,83465E-79	1,13191E+78	
52	11	L3/L5			=	1,72284E-32	5,80438E+31	
53	12	L3/L6			=	5,12796E-47	1,95009E+46	
54	13	L4/L5			=	1,95009E+46	5,12796E-47	
55	14	L4/L6			=	5,80438E+31	1,72284E-32	
56	15	L5/L6			=	2,97647E-15	3,35969E+14	
57								
58								
59	Massen Teilchen							
60	Auszug							

Tabelle 1 (Proton)

	A	B	C	D	E	F	G	H
61	Massen							
62	1	Planck			=	5,45570E-08		
63	2	Proton			=	1,67262E-27		
64	3	Kleinteilchen Proton			=	1,57214E-66		
65	4	Kleinstteilchen Proton			=	4,81992E-86		
66								
67		Aus Längenproportionen						
68		Physikzahl		MATHEMATISCHE Zahl		Massen	Verhältnis aus	Masse
69		Oberton		Grundton		aus mathematischer	Massen und	aus Proportion
70		Summenzahl				Zahl	Planckmasse	M-Planck
71		Invers		Grenz-und Einzelwert		Grenz-und Einzelwert	Grenz-und Einzelwert	Mathe - Masse
72								
73		1,51111E+170		1,0000000000000E+00		5,4557E-08	1,00000E+00	5,45569963E-08
74		6,61765E-171		1,2292725943057E+85		1,91282E+35	2,85217E-43	2,91365685E-29
75								
76		1,06391E+39		1,0000000000000E+00		5,4557E-08	1,00000E+00	5,45569963E-08
77		9,39928E-40		3,2617652760451E+19		311,5851881	1,75095E-10	7,21917011E-13
78								
79		3,47023E+58		1,0000000000000E+00		5,4557E-08	1,00000E+00	5,45569963E-08
80		2,88165E-59		1,8628550245530E+29		23547238,39	2,31692E-15	2,62606631E-15
81								
82		3,26177E+19		1,0000000000000E+00		5,4557E-08	1,00000E+00	5,45569963E-08
83		3,06582E-20		5,7111866338058E+09		0,004123003	1,32323E-05	1,98458116E-10
84								
85		5,97864E+26		1,0000000000000E+00		5,4557E-08	1,00000E+00	5,45569963E-08
86		1,67262E-27		2,4451253405270E+13		0,269774574	2,02232E-07	2,45343847E-11
87								
88		1,77952E+12		1,0000000000006E+00		5,4557E-08	1,00000E+00	5,45569963E-08
89		5,61949E-13		1,3339874420937E+06		6,30124E-05	8,65813E-04	1,60532333E-09
90								

Tabelle 1 (Proton)

	A	B	C	D	E	F	G	H
91		1,13191E+78		1,0000000000000E+00		5,4557E-08	1,00000E+00	5,45569963E-08
92		8,83465E-79		1,0639112716013E+39		1,77952E+12	3,06582E-20	9,55265514E-18
93								
94		5,80438E+31		1,0000000000000E+00		5,4557E-08	1,00000E+00	5,45569963E-08
95		1,72284E-32		7,6186483926893E+15		4,762000288	1,14567E-08	5,83957135E-12
96								
97		1,95009E+46		1,0000000000000E+00		5,4557E-08	1,00000E+00	5,45569963E-08
98		5,12796E-47		1,3964567161575E+23		20387,5102	2,67600E-12	8,92469909E-14
99								
100		3,35969E+14		1,0000000000000E+00		5,4557E-08	1,00000E+00	5,45569963E-08
101		2,97647E-15		1,8329455334765E+07		0,000233574	2,33574E-04	8,33802248E-10
102								
103	Aus Massenproprtionen							
104		Physikzahl		MATHEMATISCHE Zahl		Massen	Verhältnis aus	Masse
105		Oberton		Grundton		aus mathematischer	Massen und	aus Proportion
106		Summenzahl				Zahl	Planckmasse	M-Planck
107		Invers		Grenz-und Einzelwert		Grenz-und Einzelwert	Grenz-und Einzelwert	Mathe - Masse
108								
109		5,66667E+09		1,0000000001765E+00		5,4557E-08	1,00000E+00	5,45569963E-08
110		1,76471E-10		7,5277765268141E+04		1,49687E-05	3,64474E-03	3,29369797E-09
111								
112		9,39928E-40		3,2617652760451E+19		311,5851881	1,75095E-10	7,21917011E-13
113		1,06391E+39		1,0000000000000E+00		5,4557E-08	1,00000E+00	5,45569963E-08
114								
115		8,30393E-118		3,4702288425022E+58		1,01632E+22	5,36810E-30	1,26404031E-22
116		1,20425E+117		1,0000000000000E+00		5,4557E-08	1,00000E+00	5,45569963E-08
117								
118		7,80510E-157		1,1319071938404E+78		5,80438E+31	9,39928E-40	1,67262178E-27
119		1,28121E+156		1,0000000000000E+00		5,4557E-08	1,00000E+00	5,45569963E-08

Tabelle 1A (Elektron)								
1	A	B	C	D	E	F	G	H
2								
3	**Konstanten**							
4								
5		y	=	6,67384000E-11		m^3/kgs^2		
6		c	=	2,997924580E+08		m/s		
7		h	=	6,6260696E-34		kgm^2/s		
8		mp	=	1,6726217770E-27		kg		
9		me	=	9,109382810E-31		kg		
10		mpl	=	5,455699632E-08		kg		
11								
12	**Planckeinheiten**							
13								
14		m	=	(hc/y)^0,5	=	5,4557E-08	kg	
15		l	=	(hy/c^3)^0,5	=	4,05121E-35	m	
16		t	=	(hy/c^5)^0,5	=	1,35134E-43	s	
17								
18	**Planckeinheiten mit der Zahl 1**							
19				.				
20				(hc/y)^0,5/ Mpl	=	1		
21				(hy/c^3)^0,5/Lpl	=	1		
22				(hy/c^5)^0,5/tpl	=	1		
23								
24	**Zahlen Z1-Z6 aus der Planckmassenformel (E 10) durch Umformung und Einsetzen der Protonenmasse**							
25								
26		Z1	=	(hc/y)^0,5/me	=	5,98910E+22		
27		Z2	=	mpr/(hc/y)^0,5	=	1,66970E-23		
28		Z3	=	m^2y/hc	=	2,78790E-46		
29		Z4	=	hc/m^2y	=	3,58693E+45		
30		Z5	=	(hc/y)^0,5/m1	=	5,4557E-08		
31		Z6	=	m1/(hc/y)^0,5	=	1,83295E+07		

Tabelle 1A (Elektron)								
	A	B	C	D	E	F	G	H
32								
33	de. Brogilie Wellenlänge des Teils							
34								
35		ldB	=	h/mc	=	2,42631E-12	m	
36								
37	Längen aus Z1 und de Brogilie							
38								
39		L1	=	Z1*dB	=	1,45314E+11	m	
40		L2	=	Z2*dB	=	4,05121E-35	m	
41		L3	=	Z3*dB	=	6,76431E-58	m	
42		L4	=	Z4*dB	=	8,70301E+33	m	
43		L5	=	Z5*dB	=	1,32372E-19	m	
44		L6	=	Z6*dB	=	4,44729E-05	m	
45								
46	Proportionszahlen aus L1-6							
47								
48	Zahlen							
49	1			L1/L2	=	3,58693E+45	2,78790E-46	
50	2			L1/L3	=	2,14825E+68	4,65496E-69	
51	3			L1/L4	=	1,66970E-23	5,98910E+22	
52	4			L1/l5	=	1,09777E+30	9,10938E-31	
53	5			L1/l6	=	3,26747E+15	3,06047E-16	
54	6			L2/L3	=	5,98910E+22	1,66970E-23	
55	7			L2/L4	=	4,65496E-69	2,14825E+68	
56	8			L2/L5	=	3,06047E-16	3,26747E+15	
57	9			L2/L6	=	9,10938E-31	1,09777E+30	
58	10			L3/L4	=	7,77238E-92	1,28661E+91	
59	11			L3/L5	=	5,11007E-39	1,95692E+38	
60	12			L3/L6	=	1,52099E-53	6,57465E+52	
61	13			L4/L5	=	6,57465E+52	1,52099E-53	
62	14			L4/L6	=	1,95692E+38	5,11007E-39	

Tabelle 1A (Elektron)								
	A	B	C	D	E	F	G	H
63	15			L5/L6	=	2,97647E-15	3,35969E+14	
64								
65	Auszuge Massen Teilchen							
66								
67	1	Planck			=	5,45570E-08		
68	2	Elektron			=	9,10938E-31		
69	3	Kleinteilchen Elektron			=	2,53960E-76		
70	4	Kleinstteilchen Elektron			=	4,24038E-99		
71								
72	Aus Längenproportionen							
73								
74		Physikzahl		MATHEMATISCHE Zahl		Massen	Verhältnis aus	Masse
75		Oberton		Grundton		aus mathematischer	Massen und	aus Proportion
76		Summenzahl				Zahl	Planckmasse	M-Planck
77		mit Invers		Grenz-und Einzelwert		Grenz-und Einzelwert	Grenz-und Einzelwert	Mathe - Masse
78								
79	z.B.	1,00000E+00		1,6180339887499E+00		6,93976E-08	7,86151E-01	4,83730579E-08
80	z.B.	1,00000E+00		1,6180339887499E+00		6,93976E-08	7,86151E-01	4,83730579E-08
81								
82	F 49 Tab.2	3,58693E+45		1,0000000000000E+00		5,4557E-08	1,00000E+00	5,45569963E-08
83	G 49 Tab.2	2,78790E-46		5,9890990926260E+22		13351,53508	4,08620E-12	1,10283382E-13
84								
85	F 50 Tab.2	2,14825E+68		1,0000000000000E+00		5,4557E-08	1,00000E+00	5,45569963E-08
86	G 50 Tab.2	4,65496E-69		1,4656904163033E+34		6604981050	8,25998E-18	1,56797773E-16
87								
88	G 51 Tab.2	5,98910E+22		1,0000000000000E+00		5,4557E-08	1,00000E+00	5,45569963E-08
89	F 51 Tab.2	1,66970E-23		2,4472635928013E+11		0,026989251	2,02143E-06	7,75675840E-11
90								
91	G 57 Tab.2	1,09777E+30		1,0000000000000E+00		5,4557E-08	1,00000E+00	5,45569963E-08
92	F 57 Tab.2	9,10938E-31		1,0477448225557E+15		1,76594923	3,08939E-08	9,58929261E-12

Tabelle 1A (Elektron)

	A	B	C	D	E	F	G	H
93								
94	F 53 Tab. 2	3,26747E+15		1,0000000000000E+00		5,4557E-08	1,00000E+00	5,45569963E-08
95	G 53 Tab.2	3,06047E-16		5,7161810930306E+07		0,000412481	1,32266E-04	6,27442536E-10
96								
97	G 58 Tab.2	1,28661E+91		1,0000000000000E+00		5,4557E-08	1,00000E+00	5,45569963E-08
98	F 58 Tab. 2	7,77238E-92		3,5869307941294E+45		3,26747E+15	1,66970E-23	2,22930609E-19
99								
100	G 59 Tab.2	1,95692E+38		1,0000000000000E+00		5,4557E-08	1,00000E+00	5,45569963E-08
101	F 59 Tab.2	5,11007E-39		1,3989001756441E+19		204,05339	2,67366E-10	8,92079934E-13
102								
103	G 60 Tab.2	6,57465E+52		1,0000000000000E+00		5,4557E-08	1,00000E+00	5,45569963E-08
104	F 60 Tab.2	1,52099E-53		2,5641077587812E+26		873611,9948	6,24499E-14	1,36337832E-14
105								
106	G 62 Tab. 2	3,35969E+14		1,0000000000000E+00		5,4557E-08	1,00000E+00	5,45569963E-08
107	F 62 Tab. 2	2,97647E-15		1,8329455334765E+07		0,000233574	2,33574E-04	8,33802248E-10
108								
109	**Aus Massenproportionen**							
110		Physikzahl		MATHEMATISCHE Zahl		Massen	Verhältnis aus	Masse
111		Oberton		Grundton		aus mathemati-scher	Massen und	aus Proportion
112		Summenzahl				Zahl	Planckmasse	M-Planck
113		mit Invers		Grenz-und Einzelwert		Grenz-und Ein-zelwert	Grenz-und Einzelwert	Mathe - Masse
114								
115	z.B.	1,00000E+00		1,6180339887499E+00		6,93976E-08	7,86151E-01	4,83730579E-08
116	z.B.	1,00000E+00		1,6180339887499E+00		6,93976E-08	7,86151E-01	4,83730579E-08
117								
118	aus F 68	2,78790E-46		5,9890990926260E+22		13351,53508	4,08620E-12	1,10283382E-13
119		3,58693E+45		1,0000000000000E+00		5,4557E-08	1,00000E+00	5,45569963E-08
120								
121	aus F 69	2,16686E-137		2,1482483964433E+68		7,99637E+26	6,82272E-35	4,50639574E-25
122		4,61497E+136		1,0000000000000E+00		5,4557E-08	1,00000E+00	5,45569963E-08

Tabelle 1A (Elektron)

	A	B	C	D	E	F	G	H
123								
124	aus F 70	6,04099E-183		1,2866072521874E+91		1,95692E+38	2,78790E-46	9,10938281E-31
125		1,65536E+182		1,0000000000000E+00		5,4557E-08	1,00000E+00	5,45569963E-08

C1 Ergebnis 1

C.1.1 Genauigkeit 10^{-77}

Die Bestimmungsmasse wäre grundsätzlich auch einfacher aus der Zahl Z_{-40} abzuleiten, anstatt aus Z_{-157}, allerdings wäre aber dann der Bezug zu den Raumteilchen oder den zugehörigen Kleinstteilchen nicht berücksichtigt, denn aus dem Gedanken, dass unser Universum Teil eines riesigen Superuniversum (Raumfluktuationen) ist, folgt die Herleitung, nämlich vom Großen zum Kleinen. Eine bekannte Genauigkeit wie dargelegt von 10^{-77}(Gl. (37)-(38)) ist im physikalischen Schrifttum nicht aufgeführt. Aufgrund der dargelegten Herleitung müsste das Problem von Elektron und Proton damit geklärt sein. Allerdings gibt es auch einfachere Lösungen, wenn wir die Zahl als solche respektieren und mit dem Raum in Verbindung bringen, nachfolgend dargelegt in den nächsten Abschnitten.

Die Protonenmasse ergibt sich aus

$$(39)\ m_{proton}=\sqrt{\frac{Z_{-40hc}}{y}}=1{,}67262178*\mathbf{10}^{-27}\text{kg}$$

Die Zahl Z_{-40} gründet ausschließlich auf das Proton mit der hergeleiteten Formel. Die Planckmasse aus der Zahl 1 (Genauigkeit rd. $\frac{1}{10^{10}}$). Die Genauigkeit $\frac{1}{10^{10}}$ ist wichtig, um einen notwendigen genauen Abgleich zur Planckmasse sicherzustellen. Siehe jeweils die inversen Darstellungen in der Tabelle 1 (z.B. Zeile 91+92) für Z_1=1

$$(40)\ m_{planck}=\sqrt{\frac{Z_1 hc}{y}}=5{,}45569963*10^{-8}\text{kg}$$

C 1.2 Elektron

Der entsprechende Durchgang wie am Proton wird mit anderen Zahlen (Tabelle 1A) am Elektron durchgeführt.

D.) Herleitung 2

Die Herleitung 2 bezieht sich in erster Linie auf die "mögliche" Differenz zwischen "mathematischer" Zahl und "physikalischer" Zahl in der eine mögliche Einheit anhaften könnte und dies bei der mathematischen Zahl unmöglich ist. Der Herleitungsschritt 2 wird deshalb mit der "physikalischen" Zahl durchgeführt und es wird erkennbar, wie die Zahl den Raum strukturiert.

(41) $Z_1=\left(\frac{\sqrt{\frac{hc}{y}}}{m_{pr}}\right)^N$

(42) $m_1=\sqrt{\frac{Z_1 hc}{y}}$

(43) $Z_2=\frac{1}{Z_1}$

(44) $m_2=\sqrt{\frac{Z_{2hc}}{y}}$

(45) $V_{m1}=\frac{h^3}{(m_1 c)^3}$

(46) $V_{m2}=\frac{h^3}{(m_2\, c)^3}$

Die Variable N (Zeilendifferenz $\approx 10^{10}$) definiert die Größen der Formeln (41)-(46) in den zugehörigen Spalten der Tabelle 4.

In der Zeile 21 der Tabelle 2 verweist entsprechend den dargelegten Formeln (41)-(46)

Die Zahl — $1{,}0639*10^{39}$
(Anzahl der Längenteilchen)

Auf
die Masse — $1{,}77952*10^{12}$kg
(der Längenteile)

diese auf
die Zahl — $9{,}39928*10^{-40}$
(Strukturgröße aus l-15m / l24m)

diese auf
die Masse — $1{,}67262*10^{-27}$kg
(Einzelmasse aus z_{-40} * m_{12})

das Volumen — $1{,}916*10^{-162}$ m³
(Volumen aus Schwarzschildradius des Proton)

das Volumen — $2{,}307*10^{-45}$ m³
(Volumen aus dB-Wellenlänge des Proton)

Es sei hier nochmal dezidiert darauf hingewiesen, dass die Zahl Z_{-40} eine Konstante darstellt. Die von Eddington und Dirac eingebrachte Zahl basierte auf dem Universumdurchmesser, der sich durch die Beobachtung laufend per Lichtgeschwindigkeit vergrößert. Die Länge_{24} basiert jedoch auf der Gravitationsbeschleunigung des Proton $l=\frac{c^2}{a_{pr}}$. Damit ist die Länge l_{24}

eine Konstante, einschließlich der Längen die in Tabelle 3 angegeben sind. In der Tabelle 3 werden die Längen in Tabellenform angegeben, die im Buch Raumstruktur, Zahl und dunkle Energie hergeleitet wurden.

In den Zeilen 11 und 13 (Tabelle 2; Spalte m_1) werden die Angaben zu den Kleinteilchen dargestellt, wobei sich auch die Ungenauigkeit von 10^{-77}ergibt. Die Zahl Z_1 gibt an wieviel Masseteilchen m_2 in der Masse m_1 vorhanden sind. Die Zahl Z_1 entspricht dem Volumenverhältnis $\frac{V_{m2}}{V_{m1}}$. Die Massen m_{-66} und m_{-27} ergeben im Verhältnis.Z_{-40}. Dies und vieles andere jedoch nur, wenn man über dem Proton und zwar jedem Proton im Universum ein konstantes Zahl-Massen und Längengebäude errichtet, entsprechend den nicht vollständigen Tabellen, da diese mit jeder Zahl erweiterbar wären.

D 1.1.) Herleitung 2.1 Tabelle 2

		Raumstruktur Proton					
		Einzel-Massenzunahme siehe m_1					
	Z_1	m_1	D	Z_2	m_2	V mit $m_{1\ db}$	V mit m_{2db}
1	1,45022E+234	6,57002E+109	R6	6,89553E-235	4,53038E-125	#ZAHL!	#DIV/0!
2	2,53925E+224	8,69368E+104		3,93816E-225	3,42371E-120	#ZAHL!	#DIV/0!
3	4,44611E+214	1,15038E+100		2,24916E-215	2,58738E-115	#ZAHL!	#DIV/0!
4	7,78491E+204	1,52222E+95		1,28454E-205	1,95535E-110	#ZAHL!	#DIV/0!
5	1,36310E+195	2,01425E+90	R5	7,33623E-196	1,47770E-105	0,00000E+00	#DIV/0!
6	2,38672E+185	2,66533E+85		4,18986E-186	1,11673E-100	0,00000E+00	7,753E+174
7	4,17902E+175	3,52686E+80		2,39291E-176	8,43943E-96	0,00000E+00	1,796E+160
8	7,31725E+165	4,66686E+75		1,36663E-166	6,37788E-91	0,00000E+00	4,162E+145
9	1,28121E+156	6,17535E+70	R4	7,80510E-157	4,81992E-86	0,00000E+00	9,642E+130
10	2,24334E+146	8,17143E+65		4,45764E-147	3,64253E-81	0,00000E+00	2,234E+116
11	3,92798E+136	1,08127E+61		2,54584E-137	2,75275E-76	0,00000E+00	5,176E+101
12	6,87769E+126	1,43078E+56		1,45398E-127	2,08032E-71	3,68630E-294	1,199E+87
13	1,20425E+117	1,89325E+51	V	8,30393E-118	1,57214E-66	1,59104E-279	2,779E+72
14	2,10858E+107	2,50522E+46		4,74253E-108	1,18811E-61	6,86704E-265	6,438E+57
15	3,69202E+97	3,31499E+41		2,70855E-98	8,97881E-57	2,96387E-250	1,492E+43
16	6,46453E+87	4,38651E+36		1,54690E-88	6,78550E-52	1,27923E-235	3,456E+28
17	1,13191E+78	5,80438E+31	A	8,83465E-79	5,12796E-47	5,52126E-221	8,007E+13
18	1,98191E+68	7,68056E+26		5,04563E-69	3,87533E-42	2,38302E-206	1,855E-01
19	3,47023E+58	1,01632E+22		2,88165E-59	2,92868E-37	1,02853E-191	4,298E-16
20	6,07620E+48	1,34483E+17		1,64577E-49	2,21327E-32	4,43922E-177	9,959E-31
21	1,06391E+39	1,77952E+12	L	9,39928E-40	1,67262E-27	1,91600E-162	2,307E-45
22	1,86286E+29	2,35472E+07		5,36810E-30	1,26404E-22	8,26963E-148	5,346E-60
23	3,26177E+19	3,11585E+02		3,06582E-20	9,55266E-18	3,56924E-133	1,239E-74
24	5,71119E+09	4,12300E-03		1,75095E-10	7,21917E-13	1,54051E-118	2,870E-89
25	1,00000E+00	5,45570E-08		1,00000E+00	5,45570E-08	6,64897E-104	6,649E-104

D 1.1.A Ergebnis 2.1

Die Masse m_1 ist jeweils als „freie“ Größe zur Zahl Z_1 zugeordnet. Daraus ergibt sich die Masse für das Proton (Zeile 13) mit dem zugehörigen Kleinstteilchen m_2 und auch entsprechend bei dem Elektron. Die verwendete Zahl 10^{156} zur Herleitung des Proton findet sich in Zeile 9 (Tab.2). Damit ist dargelegt, dass sich die Massen aus einer freien Massengröße herleiten lassen.

D 1.2.) Herleitung 2.2 Tabelle 3

			Protonenlängen (Massen aus Spalte m_2 aus Tabelle 2)					
	A	B	C	D	E	F	G	H
	dB=h/mc	(h4/m5yc²)^0,33	h²/ym³	(h²y/c4m)^0,333	my/c²	(h³/m4cy)^0,5	(hy²m/c5)^0,33	(h³y/m²c5)^0,25
1	4,879E+82	#DIV/0!	#DIV/0!	43101,24183	3,36E-152	#DIV/0!	3,81E-74	1,41E+24
2	6,456E+77	#DIV/0!	#DIV/0!	1019,456941	2,54E-147	#DIV/0!	1,61E-72	5,11E+21
3	8,542E+72	#DIV/0!	#DIV/0!	24,11281926	1,92E-142	#DIV/0!	6,81E-71	1,86E+19
4	1,130E+68	#DIV/0!	#DIV/0!	0,570331153	1,45E-137	#DIV/0!	2,88E-69	6,77E+16
5	1,496E+63	#DIV/0!	#DIV/0!	0,013489821	1,10E-132	#DIV/0!	1,22E-67	2,46E+14
6	1,979E+58	#DIV/0!	#DIV/0!	0,00031907	8,29E-128	#DIV/0!	5,14E-66	8,95E+11
7	2,619E+53	#DIV/0!	1,094E+229	7,54683E-06	6,27E-123	#DIV/0!	2,17E-64	3,26E+09
8	3,465E+48	#DIV/0!	2,536E+214	1,78502E-07	4,74E-118	#DIV/0!	9,19E-63	1,18E+07
9	4,586E+43	#DIV/0!	5,875E+199	4,22204E-09	3,58E-113	#DIV/0!	3,89E-61	4,31E+04
10	6,068E+38	#DIV/0!	1,361E+185	9,98623E-11	2,70E-108	#DIV/0!	1,64E-59	1,57E+02
11	8,029E+33	#DIV/0!	3,154E+170	2,36201E-12	2,04E-103	1,59E+102	6,95E-58	5,70E-01
12	1,062E+29	#DIV/0!	7,307E+155	5,58676E-14	1,54E-98	2,79E+92	2,94E-56	2,07E-03
13	1,406E+24	#DIV/0!	1,693E+141	1,32141E-15	1,17E-93	4,88E+82	1,24E-54	7,55E-06
14	1,860E+19	#DIV/0!	3,923E+126	3,12549E-17	8,82E-89	8,54E+72	5,25E-53	2,75E-08
15	2,462E+14	8,20E+46	9,088E+111	7,3926E-19	6,67E-84	1,50E+63	2,22E-51	9,99E-11
16	3,257E+09	6,07E+38	2,106E+97	1,74854E-20	5,04E-79	2,62E+53	9,39E-50	3,63E-13
17	4,310E+04	4,49E+30	4,879E+82	4,13576E-22	3,81E-74	4,59E+43	3,97E-48	1,32E-15
18	5,703E-01	3,33E+22	1,130E+68	9,78216E-24	2,88E-69	8,03E+33	1,68E-46	4,81E-18
19	7,547E-06	2,46E+14	2,619E+53	2,31374E-25	2,17E-64	1,41E+24	7,09E-45	1,75E-20
20	9,986E-11	1,82E+06	6,068E+38	5,47259E-27	1,64E-59	2,46E+14	3,00E-43	6,36E-23
21	1,321E-15	1,35E-02	1,40586E+24	1,29441E-28	1,24E-54	4,31E+04	1,27E-41	2,31E-25
22	1,749E-20	9,99E-11	3,25727E+09	3,06162E-30	9,39E-50	7,55E-06	5,36E-40	8,42E-28
23	2,314E-25	7,39E-19	7,54682E-06	7,24153E-32	7,09E-45	1,32E-15	2,27E-38	3,06E-30
24	3,062E-30	5,47E-27	1,74854E-20	1,71281E-33	5,36E-40	2,31E-25	9,58E-37	1,11E-32
25	4,051E-35	4,05E-35	4,05121E-35	4,05124E-35	4,05E-35	4,05E-35	4,05E-35	4,05E-35

D 1.2 A Ergebnis 2.2

Die Tabelle 3 stellt in Zeile 21 die Längen der Protonenmasse entsprechend den Formeln in der ersten Zeile dar. Die Formeln wurden hergeleitet in der Schrift x_4."

(47)	$l=\frac{h}{mc}$	$=1,31 * 10^{-15}$ m	Spalte A
(48)	$l=\sqrt[3]{\frac{h^4}{m^5 y c^2}}$	$=1,35 * 10^{-2}$ m	Spalte B
(49)	$l=\frac{h^2}{y m^3}$	$=1,40 * 10^{24}$ m	Spalte C
(50)	$l=\frac{h^2 y}{c^4 m}$	$=1,29 * 10^{-28}$ m	Spalte D
(51)	$l=\frac{m y}{c^2}$	$=1,24 * 10^{-54}$ m	Spalte E
(52)	$l=\sqrt{\frac{h^3}{m^4 c y}}$	$=4,31 * 10^{4}$ m	Spalte F
(53)	$l=\sqrt[3]{\frac{h y^2 m}{c^5}}$	$=1,21 * 10^{-41}$ m	Spalte G
(54)	$l=\sqrt[4]{\frac{h^3 y}{m^2 c^5}}$	$=2,31\ 10^{-25}$ m	Spalte H

Da solche Längen den Massen zuordenbar sind, ist es denkbar, dass zu den drei Dimensionen weitere hinzutreten bzw. können (Spalte D Tabelle 2). Dies wurde schon in der M-Theorie so formuliert. Dem Verfasser sind allerdings die dort verwendeten Größen, ob variabel oder stabil, nicht bekannt. Diese Längen beziehen sich auf die gewählte Masse, vorwiegend das Proton. Mit dem Proton ist dann allerdings eine konstante Dimensions- und Strukturgröße vorwiegend und zunächst über die Länge gegeben.

In der Spalte mit der Masse m_1 der Tabelle 2 sind die Massen aufsteigend. Ausgehend von der Planckmasse und über die Universummasse hinaus. Ein solches Verhalten würde bedeuten, dass das Universum an Masse laufend zunimmt und würde damit aber dem Energiesatz widersprechen, wenn man ihn auf die bekannte Universumgröße begrenzt.

E.) Herleitung 3

E 1.1.) Herleitung 3.1 Tabelle 4

	Raumstruktur Proton (mittlere Dichte 6,81365*10^-22 kg/m³)						
	Gesamtmasse=**1,89325E+51**		**Kg**	Gesamtvolumen=**2,778*10^72 m³**			
	Z_1	m_1	D	Z_2	m_2	V/Z_1	r
1	1,45022E+234	1,89325E+51	R6	6,89553E-235	1,30550E-183	1,91600E-162	1,242E-54
2	2,53925E+224	1,89325E+51		3,93816E-225	7,45594E-174	1,09427E-152	2,220E-51
3	4,44611E+214	1,89325E+51		2,24916E-215	4,25823E-164	6,24956E-143	3,968E-48
4	7,78491E+204	1,89325E+51		1,28454E-205	2,43195E-154	3,56924E-133	7,093E-45
5	1,36310E+195	1,89325E+51	R5	7,33623E-196	1,38893E-144	2,03846E-123	1,268E-41
6	2,38672E+185	1,89325E+51		4,18986E-186	7,93246E-135	1,16420E-113	2,266E-38
7	4,17902E+175	1,89325E+51		2,39291E-176	4,53038E-125	6,64897E-104	4,051E-35
8	7,31725E+165	1,89325E+51		1,36663E-166	2,58738E-115	3,79735E-94	7,241E-32
9	1,28121E+156	1,89325E+51	R4	7,80510E-157	1,47770E-105	2,16874E-84	1,294E-28
10	2,24334E+146	1,89325E+51		4,45764E-147	8,43943E-96	1,23861E-74	2,314E-25
11	3,92798E+136	1,89325E+51		2,54584E-137	4,81992E-86	7,07392E-65	4,136E-22
12	6,87769E+126	1,89325E+51		1,45398E-127	2,75275E-76	4,04005E-55	7,393E-19
13	1,20425E+117	1,89325E+51	V	8,30393E-118	1,57214E-66	2,30735E-45	1,321E-15
14	2,10858E+107	1,89325E+51		4,74253E-108	8,97881E-57	1,31777E-35	2,362E-12
15	3,69202E+97	1,89325E+51		2,70855E-98	5,12796E-47	7,52602E-26	4,222E-09
16	6,46453E+87	1,89325E+51		1,54690E-88	2,92868E-37	4,29825E-16	7,547E-06
17	1,13191E+78	1,89325E+51	A	8,83465E-79	1,67262E-27	2,45481E-06	1,349E-02
18	1,98191E+68	1,89325E+51		5,04563E-69	9,55266E-18	1,40199E+04	2,411E+01
19	3,47023E+58	1,89325E+51		2,88165E-59	5,45570E-08	8,00702E+13	4,310E+04
20	6,07620E+48	1,89325E+51		1,64577E-49	3,11585E+02	4,57296E+23	7,704E+07
21	1,06391E+39	1,89325E+51	L	9,39928E-40	1,77952E+12	2,61170E+33	1,377E+11
22	1,86286E+29	1,89325E+51		5,36810E-30	1,01632E+22	1,49159E+43	2,462E+14
23	3,26177E+19	1,89325E+51		3,06582E-20	5,80438E+31	8,51876E+52	4,400E+17
24	5,71119E+09	1,89325E+51		1,75095E-10	3,31499E+41	4,86522E+62	7,865E+20
25	1	1,89325E+51	1	1,00000E+00	1,89325E+51	2,77862E+72	1,406E+24

E 1.1.A Ergebnis 3.1

Tabelle 4 zeigt die aus den Planckeinheiten gebildeten Zahlen, die mittels einer konstanten Masse die der Universummasse $(10^{51}kg)$in etwa entspricht bei einem entsprechenden Volumen $(10^{72}m^3)$. In Zeile 17 ist bei der Masse m_2 die Protonenmasse dargestellt. Der Protonenmasse zugeordnet ist die Zahl 10^{78}. Diese Zahl gibt an, wieviel Protonen sich im Volumen von 10^{72}m³ befinden. Das Volumen 10^{-6} m³ bestimmt das Einzelvolumen des Proton in Abhängigkeit des gedehnten Protonenvolumens. Die Volumengröße ist hier nicht auf das Proton bezogen, sondern auf die Größe wieviel Volumen für ein Proton in einer Masse von 10^{51}kg notwendig sind. Es ist somit ein für das Proton freies Volumen von 10^{-6} m³ $(10^{78}*10^{-6}=10^{72}m^3)$. Dies hat jedoch nichts mit dem "Körpervolumen" des Proton zu tun. Das Körpervolumen des Proton entspricht in dieser Tabelle dem Teilchen $10^{-66}kg$ aus der Wellenlängengröße des Proton. Das Proton strukturiert den Raum mit einer Kantenlänge von 10^{-2} m. Die Volumenlänge des Kleinteilchen strukturiert den Raum mit der Wellenlängengröße des Proton mit ca. 10^{-15}m.

Strukturieren wir die Länge 10^{24}m mit der Wellenlänge des Proton 10^{-15}m, so erhalten wir wieder die Zahl 10^{-40}. Der inverse Wert von 10^{-40} multipliziert mit dem Kleinteilchen ergibt das Proton. Dies bedeutet, dass in einem Würfel von 10^{24}m Kantenlänge und einer Strukturierung von 10^{-15}m, 10^{117} Kleinteilchen gleichmäßig verteilt "Platz" finden. Fallen diese Kleinteilchen einseitig auf eine Grundfläche entsteht genau die Masse eines Proton (10^-66*10^-40=10^-27). Dies ist ein kleiner Ausschnitt, was man aus der Tabelle 4 lesen kann. Die dargestellten Zahlen des Proton finden sich auch in dieser Tabelle wieder. Die Bedeutung der Zahl wird anhand nur dieser Tabelle offensichtlich, wenn man die Planckeinheiten zugrunde legt.

E 1.2.) Herleitung 3.2 Tabelle 5

		Protonlängen						
	A	B	C	D	E	F	G	H
	dB	(h4/m5yc^2)^0,33	h^2/ym^3	(h^2y/c4m)^0,333	my/c^2	(h^3/m4cy)^0,5	(hy^2m/c5)^0,33	(h^3y/m^2c5)^0,25
1	1,693E+141	#DIV/0!	#DIV/0!	1,4059E+24	9,69E-211	#DIV/0!	1,17E-93	#DIV/0!
2	2,964E+131	#DIV/0!	#DIV/0!	7,865E+20	5,54E-201	#DIV/0!	2,09E-90	#DIV/0!
3	5,190E+121	#DIV/0!	#DIV/0!	4,4E+17	3,16E-191	#DIV/0!	3,73E-87	#DIV/0!
4	9,088E+111	#DIV/0!	#DIV/0!	2,4616E+14	1,81E-181	#DIV/0!	6,67E-84	6,07E+38
5	1,591E+102	#DIV/0!	#DIV/0!	1,3771E+11	1,03E-171	#DIV/0!	1,19E-80	8,03E+33
6	2,786E+92	#DIV/0!	#DIV/0!	77042714,4	5,89E-162	#DIV/0!	2,13E-77	1,06E+29
7	4,879E+82	#DIV/0!	#DIV/0!	43101,2418	3,36E-152	#DIV/0!	3,81E-74	1,41E+24
8	8,542E+72	#DIV/0!	#DIV/0!	24,1128193	1,92E-142	#DIV/0!	6,81E-71	1,86E+19
9	1,496E+63	#DIV/0!	#DIV/0!	0,01348982	1,10E-132	#DIV/0!	1,22E-67	2,46E+14
10	2,619E+53	#DIV/0!	1,094E+229	7,5468E-06	6,27E-123	#DIV/0!	2,17E-64	3,26E+09
11	4,586E+43	#DIV/0!	5,875E+199	4,222E-09	3,58E-113	#DIV/0!	3,89E-61	4,31E+04
12	8,029E+33	#DIV/0!	3,154E+170	2,362E-12	2,04E-103	1,59E+102	6,95E-58	5,70E-01
13	1,406E+24	#DIV/0!	1,693E+141	1,3214E-15	1,17E-93	4,88E+82	1,24E-54	7,55E-06
14	2,462E+14	8,20E+46	9,088E+111	7,3926E-19	6,67E-84	1,50E+63	2,22E-51	9,99E-11
15	4,310E+04	4,49E+30	4,8787E+82	4,1358E-22	3,81E-74	4,59E+43	3,97E-48	1,32E-15
16	7,547E-06	2,46E+14	2,6189E+53	2,3137E-25	2,17E-64	1,41E+24	7,09E-45	1,75E-20
17	1,321E-15	1,35E-02	1,4059E+24	1,2944E-28	1,24E-54	4,31E+04	1,27E-41	2,31E-25
18	2,314E-25	7,39E-19	7,5468E-06	7,2415E-32	7,09E-45	1,32E-15	2,27E-38	3,06E-30
19	4,051E-35	4,05E-35	4,0512E-35	4,0512E-35	4,05E-35	4,05E-35	4,05E-35	4,05E-35
20	7,093E-45	2,22E-51	2,1747E-64	2,2665E-38	2,31E-25	1,24E-54	7,24E-32	5,36E-40
21	1,242E-54	1,22E-67	1,1674E-93	1,268E-41	1,32E-15	3,81E-74	1,29E-28	7,09E-45
22	2,175E-64	6,67E-84	6,267E-123	7,0935E-45	7,55E-06	1,17E-93	2,31E-25	9,39E-50
23	3,808E-74	3,65E-100	3,364E-152	3,9685E-48	4,31E+04	3,58E-113	4,14E-22	1,24E-54
24	6,667E-84	0,00E+00	1,806E-181	2,2201E-51	2,46E+14	1,10E-132	7,39E-19	1,64E-59
25	1,167E-93	0,00E+00	9,694E-211	1,242E-54	1,41E+24	3,36E-152	1,32E-15	2,17E-64

E 1.2.A Ergebnis 3.2

Tabelle 5 entspricht Tabelle 3 hinsichtlich der Längen für das Proton. Allerdings ist zu berücksichtigen, dass in der Abfolge der Massen die Massen m_1 in der Tabelle 3 zunehmen und in Tabelle 5 die Masse m_1 gleichbleibt. Die Längen werden entsprechend den Formeln (47) - (54) ermittelt. Sie zeigen, dass dem zugrundeliegenden Teilchen eine innere höher dimensionale Struktur innewohnt. In der Tabelle 4 bleibt die Masse mit 10^{51}kg gleich. Diese Masse wird mit c^4/ya_{pr} ermittelt. Setzt man für a_{pr} eine mögliche Hubble-Beschleunigung a_{Hu}, so erhält man $c^4/ya_{Hu}=7{,}21*10^{-10}m/s^2$ und damit eine Universummasse von rund 10^{53}kg. Dies sind die beiden Größen, die durch die Kosmologen angegeben werden, allerdings auf einer empirischen Basis.

Tabelle 6 und Tabelle 7 beziehen sich auf das Elektron. Die beiden Massengrößen wurden in Beziehung zu benachbarten Größen gesetzt, um aufzuzeigen, wie "nah" die Teilchen 10^{-76}kg aus dem Proton und dem Elektron sind. Also "fast" identisch sind. Die Schrittweite von rund 10 Milliarden wurde beibehalten, um sicherzustellen, dass wie in der Quantenmechanik erst eine Vielzahl von Versuchen bzw. Teilhabe von Teilchen, zu "eindeutigen" Ergebnissen führt. Die verwendeten Konstanten h,c,y und m_{ep} haben 6-7 Nachkommastellen und werden dann ungenau. Ob dies zur Ungenauigkeit von 10^{-77}kg führt, kann der Verfasser nicht darlegen.

Das bisherige Verhältnis zwischen Proton und Elektron beträgt 1.836,15269. Das vorgestellte Verhältnis beträgt 1,08395. Also eine Verbesserung mit einem Faktor von 1.693,98.

Vergleicht man die Differenzen so ergibt sich $m_{pr}-m_e=1{,}67171*10^{-27}$kg und $m_{-76p}-m_{-76e}=2{,}13141*10\text{-}77$kg. Das Verhältnis für diese Darlegung beträgt dann $1{,}27499*10^{-50}$. Eine nicht überprüfbare empirische Genauigkeit als Einzelgröße.

F.) Herleitung 4

F 1.1.) Herleitung 4.1 Tabelle 6

	Raumstruktur Elektron (Dichte = 1,77798*10^-41 kg/m³)					
	Gesamtmasse (m) = 1,172^61kg			Gesamtvolumen (V) = 6,59*10^101m³		
	Z_1	m_1	Z_2	m_2	V/Z_1	R
1	2,12980E+273	1,17202E+61	4,69529E-274	5,50297E-213	3,09507E-172	6,76431E-58
2	8,70276E+261	1,17202E+61	1,14906E-262	1,34672E-201	7,57444E-161	4,231E-54
3	3,55612E+250	1,17202E+61	2,81205E-251	3,29578E-190	1,85367E-149	2,647E-50
4	1,45310E+239	1,17202E+61	6,88184E-240	8,06565E-179	4,53641E-138	1,655E-46
5	5,93766E+227	1,17202E+61	1,68417E-228	1,97388E-167	1,11018E-126	1,035E-42
6	2,42624E+216	1,17202E+61	4,12160E-217	4,83060E-156	2,71690E-115	6,477E-39
7	9,91410E+204	1,17202E+61	1,00866E-205	1,18217E-144	6,64897E-104	4,051E-35
8	4,05110E+193	1,17202E+61	2,46847E-194	2,89309E-133	1,62718E-92	2,534E-31
9	1,65536E+182	1,17202E+61	6,04099E-183	7,08016E-122	3,98214E-81	1,585E-27
10	6,76412E+170	1,17202E+61	1,47839E-171	1,73270E-110	9,74533E-70	9,914E-24
11	2,76395E+159	1,17202E+61	3,61801E-160	4,24038E-99	2,38494E-58	6,201E-20
12	1,12941E+148	1,17202E+61	8,85422E-149	1,03773E-87	5,83658E-47	3,879E-16
13	4,61497E+136	1,17202E+61	2,16686E-137	2,53960E-76	1,42836E-35	2,426E-12
14	1,88577E+125	1,17202E+61	5,30288E-126	6,21508E-65	3,49558E-24	1,518E-08
15	7,70562E+113	1,17202E+61	1,29775E-114	1,52099E-53	8,55462E-13	9,493E-05
16	3,14867E+102	1,17202E+61	3,17595E-103	3,72227E-42	2,09354E-01	5,938E-01
17	1,28661E+91	1,17202E+61	7,77238E-92	9,10938E-31	5,12344E+10	3,714E+03
18	5,25733E+79	1,17202E+61	1,90211E-80	2,22931E-19	1,25384E+22	2,323E+07
19	2,14825E+68	1,17202E+61	4,65496E-69	5,45570E-08	3,06848E+33	1,453E+11
20	8,77817E+56	1,17202E+61	1,13919E-57	1,33515E+04	7,50938E+44	9,089E+14
21	3,58693E+45	1,17202E+61	2,78790E-46	3,26747E+15	1,83774E+56	5,685E+18
22	1,46569E+34	1,17202E+61	6,82272E-35	7,99637E+26	4,49744E+67	3,556E+22
23	5,98910E+22	1,17202E+61	1,66970E-23	1,95692E+38	1,10064E+79	2,224E+26
24	2,44726E+11	1,17202E+61	4,08620E-12	4,78910E+49	2,69356E+90	1,391E+30
25	1	1,17202E+61	1,00000E+00	1,17202E+61	6,592E+101	8,703E+33

F 1.1.A Ergebnis 4.1

Das Ergebnis für 4.1 für das Elektron entspricht dem des Proton nur mit anderer Zahl (vergl. Zeile 13+17)

F 1.2.) Herleitung 4.2 Tabelle 7

			Elektronlängen					
	A	B	C	D	E	F	G	H
	dB	(h4/m5yc²)^0,33	h²/ym³	(h²y/c4m)^0,333	my/c²	(h³/m4cy)^0,5	hy²m/c5	(h³y/m²c5)^0,25
1	4,01641E+170	#DIV/0!	#DIV/0!	8,63526E+33	4,086E-240	#DIV/0!	0,00000E+00	#DIV/0!
2	1,64119E+159	#DIV/0!	#DIV/0!	1,38175E+30	1,000E-228	#DIV/0!	1,641E-297	1,08732E+42
3	6,70621E+147	#DIV/0!	#DIV/0!	2,21096E+26	2,447E-217	#DIV/0!	4,017E-286	2,19783E+36
4	2,74029E+136	#DIV/0!	#DIV/0!	3,5378E+22	5,989E-206	#DIV/0!	9,830E-275	4,44277E+30
5	1,11974E+125	#DIV/0!	#DIV/0!	5,66091E+18	1,466E-194	#DIV/0!	2,406E-263	8,98077E+24
6	4,57546E+113	#DIV/0!	#DIV/0!	9,05814E+14	3,587E-183	#DIV/0!	5,887E-252	1,8154E+19
7	1,86962E+102	#DIV/0!	#DIV/0!	1,44941E+11	8,778E-172	#DIV/0!	1,441E-240	3,66972E+13
8	7,63964E+90	#DIV/0!	#DIV/0!	23192326,14	2,148E-160	#DIV/0!	3,526E-229	7,42E+07
9	3,12171E+79	#DIV/0!	#DIV/0!	3711,051795	5,257E-149	#DIV/0!	8,629E-218	1,50E+02
10	1,27559E+68	#DIV/0!	#DIV/0!	0,593813029	1,287E-137	#DIV/0!	2,112E-206	3,03E-04
11	5,21232E+56	#DIV/0!	8,6283E+238	9,50172E-05	3,149E-126	#DIV/0!	5,168E-195	6,12733E-10
12	2,12986E+45	#DIV/0!	5,8868E+204	1,52039E-08	7,706E-115	#DIV/0!	1,265E-183	1,2386E-15
13	8,70301E+33	#DIV/0!	4,0164E+170	2,43281E-12	1,886E-103	1,8696E+102	3,095E-172	2,50375E-21
14	3,55622E+22	#DIV/0!	2,7403E+136	3,89279E-16	4,61510E-92	3,12171E+79	7,574E-161	5,06116E-27
15	1,45314E+11	3,40504E+41	1,8696E+102	6,22893E-20	1,12944E-80	5,21232E+56	1,854E-149	1,02308E-32
16	5,93782E-01	3,55622E+22	1,27559E+68	9,96703E-24	2,76403E-69	8,70301E+33	4,536E-138	2,06809E-38
17	2,42631E-12	3,71E+03	8,70301E+33	1,59485E-27	6,76431E-58	1,45314E+11	1,110E-126	4,18051E-44
18	9,91438E-24	3,879E-16	0,593782077	2,55195E-31	1,65540E-46	2,42631E-12	2,717E-115	8,45062E-50
19	4,05121E-35	4,05121E-35	4,05121E-35	4,08342E-35	4,05121E-35	4,05121E-35	6,649E-104	1,70824E-55
20	1,65540E-46	4,23108E-54	2,76403E-69	6,53396E-39	9,91438E-24	6,76431E-58	1,627E-92	3,45309E-61
21	6,76431E-58	4,41892E-73	1,8858E-103	1,04551E-42	2,42631E-12	1,12944E-80	3,982E-81	6,9802E-67
22	2,76403E-69	4,61511E-92	1,2866E-137	1,67295E-46	5,93782E-01	1,8858E-103	9,745E-70	1,411E-72
23	1,12944E-80	0	8,7784E-172	2,67692E-50	1,45314E+11	3,1488E-126	2,385E-58	0
24	4,61510E-92	0	5,9893E-206	4,28339E-54	3,55622E+22	5,2575E-149	5,837E-47	0
25	1,88582E-103	#ZAHL!	4,0863E-240	6,85394E-58	8,70301E+33	0	1,42836E-35	0

F 1.2.A Ergebnis 4.2

In der Tabelle 7 werden mit den gleichen Formeln wie in Tabelle 5 (Proton) die Längen für das Elektron ermittelt.

G.) Herleitung 5

G 1.1) Herleitung 5.1 Tabelle 8

me/mpr		mpr (Formel)		me/mp (Formel)		me Formel	
1,62E-10	6,19E+09	1,75E-10	5,71E+09	2,67E-11	3,74E+10	4,09E-12	2,45E+11
2,61E-20	3,83E+19	3,07E-20	3,26E+19	7,15E-22	1,40E+21	1,67E-23	5,99E+22
4,22E-30	2,37E+29	5,37E-30	1,86E+29	1,91E-32	5,23E+31	6,82E-35	1,47E+34
6,81E-40	1,47E+39	9,40E-40	1,06E+39	5,12E-43	1,95E+42	2,79E-46	3,59E+45
1,10E-49	9,09E+48	1,65E-49	6,08E+48	1,37E-53	7,30E+52	1,14E-57	8,78E+56
1,78E-59	5,63E+58	2,88E-59	3,47E+58	3,66E-64	2,73E+63	4,65E-69	2,15E+68
2,87E-69	3,48E+68	5,05E-69	1,98E+68	9,80E-75	1,02E+74	1,90E-80	5,26E+79
4,64E-79	2,16E+78	8,83E-79	1,13E+78	2,62E-85	3,82E+84	7,77E-92	1,29E+91
7,49E-89	1,34E+88	1,55E-88	6,46E+87	7,01E-96	1,43E+95	3,18E-103	3,15E+102
1,21E-98	8,27E+97	2,71E-98	3,69E+97	1,87E-106	5,33E+105	1,30E-114	7,71E+113
1,95E-108	5,12E+107	4,74E-108	2,11E+107	5,01E-117	1,99E+116	5,30E-126	1,89E+125
3,16E-118	3,17E+117	8,30E-118	1,20E+117	1,34E-127	7,45E+126	2,17E-137	4,61E+136
5,10E-128	1,96E+127	1,45E-127	6,88E+126	3,59E-138	2,79E+137	8,85E-149	1,13E+148
8,24E-138	1,21E+137	2,55E-137	3,93E+136	9,60E-149	1,04E+148	3,62E-160	2,76E+159
1,33E-147	7,51E+146	4,46E-147	2,24E+146	2,57E-159	3,90E+158	1,48E-171	6,76E+170
2,15E-157	4,65E+156	7,81E-157	1,28E+156	6,87E-170	1,46E+169	6,04E-183	1,66E+182
3,47E-167	2,88E+166	1,37E-166	7,32E+165	1,84E-180	5,44E+179	2,47E-194	4,05E+193
5,61E-177	1,78E+176	2,39E-176	4,18E+175	4,91E-191	2,04E+190	1,01E-205	9,91E+204
9,06E-187	1,10E+186	4,19E-186	2,39E+185	1,31E-201	7,61E+200	4,12E-217	2,43E+216
1,46E-196	6,83E+195	7,34E-196	1,36E+195	3,52E-212	2,84E+211	1,68E-228	5,94E+227
2,36E-206	4,23E+205	1,28E-205	7,78E+204	9,40E-223	1,06E+222	6,88E-240	1,45E+239
3,82E-216	2,62E+215	2,25E-215	4,45E+214	2,51E-233	3,98E+232	2,81E-251	3,56E+250
6,17E-226	1,62E+225	3,94E-225	2,54E+224	6,73E-244	1,49E+243	1,15E-262	8,70E+261
9,97E-236	1,00E+235	6,90E-235	1,45E+234	1,80E-254	5,56E+253	4,70E-274	2,13E+273
1,61E-245	6,21E+244	1,21E-244	8,28E+243	4,81E-265	2,08E+264	1,92E-285	5,21E+284
2,60E-255	3,84E+254	2,11E-254	4,73E+253	1,29E-275	7,77E+274	7,84E-297	1,28E+296
4,20E-265	2,38E+264	3,70E-264	2,70E+263	3,44E-286	2,90E+285	3,20E-308	3,12E+307
6,79E-275	1,47E+274	6,48E-274	1,54E+273	9,21E-297	1,09E+296	0,00E+00	#DIV/0!
1,10E-284	9,12E+283	1,13E-283	8,81E+282	2,46E-307	4,06E+306	0,00E+00	#DIV/0!

G 1.1.A Ergebnis 5.1

Die Tabelle 8 entspricht 4 Skalen, die in sich stimmig sind jedoch harmonisch und proportional nur in „etwa“ zur Deckung gebracht, also transponiert, werden können. Die größte Näherung zwischen Proton und Elektron für – ein gemeinsames Spiel -- in einer dann gemeinsamen Skala beträgt $6{,}48 \cdot 10^{-274}$ zu $4{,}7 \cdot 10^{-274}$. Eine bisher nicht nachgewiesene Differenzgenauigkeit im physikalischem Kontext. In Tabelle 8 wird die Grundformel $\frac{m^2 y}{hc}$ angewendet, um Zahlen aus dem Proton und Elektron zu gewinnen, die man mit einer musikalischen Skala vergleichen kann. Musik basiert auf Harmonie und diese auf Proportion, welche wiederum auf Zahlen basiert. Die vorgestellten Skalen und Zahlen werden einfach skaliert durch Quadrierung. Spielt man in der Musik in einer Tonart und wechselt in eine andere Tonart, versucht man einen gleichen oder einem dem wechselnden harmonischen gleichen Ton zu finden. In diesen 4 Skalen gibt es mehrere solcher naheliegenden Zahlen um zu "Wechseln", jedoch keine der "exakt" gleich ist. Die Zahl 10^{-265} ist in der Physik eine sehr kleine Größe. In dieser Form ist ein möglicher Wechsel von der Protonenstruktur zur Elektronenstruktur auch dann gegeben, wenn man wie zuvor eine mögliche Differenz der Konstanten mit einbezieht. Ansonsten würde der Genauigkeitsgrad genügen, wie er in der bisherigen Physik genügt.

Noch eindringlicher stellen die beiden Zahlen aus den Skalen me/mp und me mit den Werten 4,7* 10^{-274}und 6,48*10^{-274}den Übergang von der Protonen- zur Elektronenstruktur dar, allerdings nicht exakt nur annähernd, jedoch dies in einer sehr, sehr kleinen dargelegten Größe.

H.) Herleitung 6

H1.1.) Herleitung 6.1 Proton aus Elektron

Wir gehen aus von der gefundenen Grundformel

(55) $$Z=\frac{m^2 y}{hc}$$

Setzen diese mit der Masse des Elektron und Proton gleich

(56) $$\left(\frac{m_{pr}{}^2 y}{hc}\right)^N=\left(\frac{m_e^2 y}{hc}\right)^2$$

(57) $$m_{pr}=\sqrt[4,669058181]{\frac{m_e^4 hc^{0,334529091}}{y^{0,334529091}}}=1,6726*10^{-27}\text{kg}$$

Und erhalten aus der Elektronenmasse mittels der grundlegenden Konstanten die <u>exakte</u> Protonenmasse. Der Herleitungsschritt definiert ein exaktes Vorgehen um die Protonenmasse aus der Elektronenmasse mittels einer grundlegenden Zahlgröße abzuleiten.

H 1.1.8 Ergebnis 6.1

Aus der Herleitung ist das Proton aus dem Elektron exakt bestimmbar durch die abgeleitete Planckzahl und den grundlegenden Konstanten h,c,y ableitbar.

I.) Ergebnis Gesamt

Die Herleitungen 1-5 ergeben eine näherungsweise genaue Herleitung von Proton und Elektron. Die Herleitung 6 eine exakte.

Die weitere Überlegung in J6 führt zu einem statischen "Universum" welches über einem Proton Teilchen errichtet werden kann. Die daraus jeweiligen Konstanten definieren sich allerdings nur auf das jeweilige Teilchen in diesem Fall dem Proton. Die ermittelte Länge von rd. 10^24 m definiert, damit den Raumanteil, in dem die Konstanten gelten müssen. Da aber die Beobachtung der Kosmologen bei 10^26m liegt muss eine Unbestimmtheit vorhanden sein,

J.) Weitere Überlegungen

J1.) Superuniversum

Das Superuniversum ist begrenzt, aber doch nur unendlich begreifbar. Es ruht nicht exakt und dies in einer sehr kleinen Größe. Es besteht aus einem Nichts von Dichte und doch einer ungeheueren Masse von 10^350kg. Billionen und Milliarden mal der jetzigen Universumgröße. Für das Superuniversum, dem Urton, wurde eine homogene Dichte von 10^-650kg/m³ bei einem Volumen von 10^1000m³ ermittelt. Dieses Universum ist nicht homogen, sondern unterschiedliche Raumdichten sorgen für Symmetriebrüche, die zur Materialisation entsprechender vorhandener Zahlverhältnisse führen.

J2.) Gegenmodell zum Urknall

Der Gedanke, dass etwas aus dem Nichts entsteht, ist eigentlich nur ein geistiges Produkt, ähnlich wie die Planckmasse oder Null. Es entspricht nicht dem positivistischen naturellem Gedanken und doch wird daran festgehalten. Der Ansatz des Superuniversum wird durch Vertreter der Physik nicht verfolgt, obwohl es ein einfacher Gedanke als Gegenmodell zum Urknall darstellen würde.

J3) Herleitungsschritte

Die Durchführung in diesen Herleitungsschritten war notwendig, um aufzuzeigen, dass der Beginn unserer Welt eher aus einem sehr großen Universum ableitbar ist, wenn der materiell gelöste Raum wieder zur Materie findet.

J4) Größenordnung

Die genannte Größenordnung von rd.10^10 zur Genauigkeit von Z1 ist „vermutlich" auch für das Verhältnis von Mp/Me verantwortlich. Die gezeigte Massenskala (Universum, Galaxie, Stern etc.) weist appromaxitiv darauf hin.

J5.) Große Zahlen

Die Deutung der großen Zahlen stehen am Anfang. Aus der Tabelle 4 sind folgende Zusammenhänge ersichtlich.

Die Zahlen

10^39 Anzahl Massenteilchen
Massenteil = m = 10^12kg
Gesamtmasse m=10^51kg ($Z_{39}*m_{12}=m_{51}$)
<u>Längenindex</u>
Zeile 21 Tab. 4

10^78 Anzahl der Massenteilchen

Massenteil Protonen m=10^-27kg
Gesamtmasse m=10^51kg (Z_{78}*m_{-27}=m_{51})
Flächenindex
Zeile 17 Tab. 4

10^117 Anzahl der Massenteilchen
Massenteil Kleinstteilchen des Proton m=10^-66kg
Gesamtmasse m=10^51kg (Z_{117}-m_{-66}=m_{51})
Volumenindex
Zeile 13 Tab 4

Sie führen zu Zusammenhängen die in ihrer Letztendlichkeit noch nicht für andere Zahlen als die dargestellten gegeben sind, jedoch sinnfällig wären, um andere Wege zu gehen. Die Zahlen führen zur Dimension. In Zeile 17 findet sich das Volumen 10^-6m^3. Multipliziert mit der Zahl 10^78 ergibt es das ausgedehnte Protonenvolumen von 10^72m^3.

J6.) Konstanten c,h,y mit Protonengrößen

Wenn wir eine Geschwindigkeit bestimmen und legen die Strecke x=10m in der Zeit von 2s zurück dann wird die Formel angeschrieben mit v=10m/2s also 5m/s. Die Konstanten c,y,h haben folgende Einheiten.
c=m/s; y=m^3/kgs^2 und h=kgm^2/s. Setzen wir nun die vom Verfasser ermittelten konstanten Werte (x1-4) ein, so erhalten wir.

Für

c= 1,40586^24m/4,68945^15s=
299 792 458 m/s

y= 2,77862^72m^3/(1,89325^51kg* 2,19910^31s^2)=
6,67384^-11m^3/kg/s^2

h= 1,57214^-66kg*1,97645E+48m^2/ 4,68945^15s=
6,62607^-34kgm^2/s

Mit der Hubble-Beschleunigung 7,21*10^-10m/s^2 anstatt der Schwerefeldbeschleunigung des Proton nähert man sich der Universumgröße an. Die Konstanten beziehen sich jedoch auf die Größen des Proton.

J7.) Kalter Fleck

In der Hintergrundstrahlung ist ein deutlicher kalter Fleck sichtbar. Wäre die Urknalltheorie richtig müsste bei einer Anfangstemperatur von 10^30 Grad ein Ort sichtbar sein, der erheblich wärmer von der Umgebungstemperatur unterscheidbar ist, wenn dieses Universum aus einem heißen Nichts entstanden sein soll.
Der kalte Fleck weist auf eine Stelle in der der Urton sichtbar wird, also eine kalte Stelle, an der aus Raumdichtefluktuationen das Universum entstanden ist.

J8.) Schnellere Ausdehnung am Universumrand

Der Presse ist zu entnehmen, dass die Beobachtungen zeigen, wie das Universum sich am Rande schneller ausdehnt. Wäre die Urknalltheorie richtig, wüssten wir nicht, was außerhalb der Beobachtungsmöglichkeiten liegt. Auch ein Nichts? Geht man von dem Superuniversum aus, ist am Rande davon auszugehen, dass sich das Universum in eine sehr geringe Dichte ausdehnt, bis es gegebenenfalls auf ein Paralleluniversum trifft. Bis dies geschieht, wird sich das Universum entsprechend der äußeren Dichte ausdehnen und geringste Massengrößen aufnehmen. Der Energieerhaltungssatz wird nicht für unser bekanntes Universum gelten. sondern nur für den Urton (Superuniversum). Der Rand des jetzigen Universum besteht aus Dichtefluktuationen, aus denen sich die Teilchen Proton und Elektron anhand einer Kubikskala von rund 10^10 bilden.

J9.) Dunkle Materie-Dunkle Energie

Die Kleinteilchen können als dunkle Materie angesehen werden. Die Kleinstteilchen als dunkle Energie. Der Durchgang durch den Doppelspalt wurde zunächst gedeutet als Einzelteilchenphänomen. Schrödinger wollte dem Teilchen eine Welle hinzufügen und Feynman ermöglicht dem Teilchen durch seine Diagramme auch einen „um" den Schirm herum Weg. Wenn man die gezeigten Wellen (x1+2) in Verbindung mit den Kleinen- und Kleinstteilchen voraussetzt, sind alle drei Möglichkeiten denkbar.

J10.) Massenproportion 51,41,31 usw. 10er Schritt

Die Bildung von harmonikalen Massenproportionen anhand der (mp/me)^3 ist eine „mögliche" Konstante, die nicht nur für das „unsrige" Universum Gültigkeit besitzt, sondern ebenso für das Superuniversum. Die Differenz von (mp^2y/hc)^0,25 und (mp/me)^3 ist noch nicht geklärt.

K.) Zusammenfassung

Das Proton ist aus der Zahl 1,28121*10^+156 und das Elektron ist aus der Zahl 1,65536*10^+182 abgeleitet. Das Verhältnis von Elektron und Proton ist damit anhand von Zahlen basierend auf den elementaren Konstanten (Planckeinheiten) hergeleitet worden. Auch für die musikalischen Zahlenskalen der beiden Teilchen wurden Differenzen gefunden die in dieser Genauigkeit noch nicht dargelegt worden sind. Die Herleitung 6 führt zu einem eindeutigen Ergebnis anhand der Planckzahl $\frac{m^2y}{hc}$.

Aus der „physikalischen" und „mathematischen" Zahl sind die beiden Massengrößen darstellbar. Verwendet man nur eine „physikalische" Zahl, aber ohne anheften einer Einheit, sind die Massengrößen direkt ableitbar, wobei die Zahl nicht nur Massenbezüge generiert sondern auch Raumbezüge. Die hergeleiteten Protonenlängen, definieren diese Protonenräume - und Raumzusammenhänge. Durch über den Massengrößen errichteten „Skalen" bestehen geringste Differenzen, um von einer Skala zu wechseln und die Massengröße zur anderen einzubinden. Letztendlich ist dargelegt, dass das Elektron bzw. Proton ausschließlich aus der bekannten Masse herleitbar ist.

Vermeintliche Wiederholungen sind im jeweiligen anderen Zusammenhang zu sehen.

L.) Anhang

X1	Der Urton vor dem Urknall	ISBN 3-8334-1024-8
X2	Stadtkulturerbe Villingen	978-3-8334-9808-4
X3	Die Imagiantionskonstante i	978-3-8482-1397-9
X4	Raumstruktur-Zahl-Erhellte Materie Energie	978-3-7357-2304-8
X5	Stadt Villingen- Die Ästhetik der Kreuztürme	978-3-7347-7548-2

M.) Kurzbiografie

Geboren 1956 und Schulbildung in Villingen
Zimmermannslehre und Fachhochschulreife
Studium der Architektur und Vertiefung in Städtebau
Architekt in der Privatwirtschaft
Beamtenausbildung Hochbau und Städtebau
Beamter in der Staatlichen Hochbauverwaltung als Planer
Teilnahme an zahlreichen Wettbewerben (Schwerpunkt Raum)
Wechsel zur Stadt Villingen-Schwenningen
Grundlegende Ergebnisse zur Niederen Tor Problematik
Dienstliche Verwendung als Fachbauleiter

Zwischenstand Privat
Gründung eines Vereins
Forschungen zum Raum, Musik, Malerei

> Wettbewerbsteilnahmen als Einzelperson
> 5 Bücher
> Gemälde
> Musikstücke
> Etc.